U0348186

农业气象灾害监测预警
大数据库系统

■ 刘高焕 谢传节 廖顺宝 孙 琛 石伟伟 著

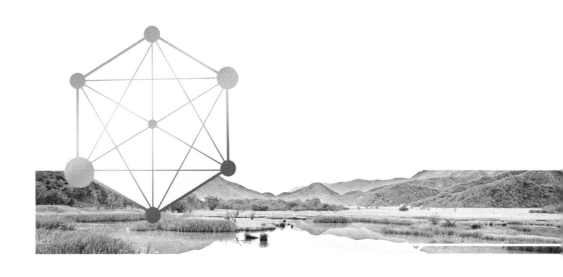

中国农业科学技术出版社

图书在版编目（CIP）数据

农业气象灾害监测预警大数据库系统 / 刘高焕等著. --北京：中国农业科学技术出版社，2021.9

ISBN 978-7-5116-5472-4

Ⅰ.①农…　Ⅱ.①刘…　Ⅲ.①农业气象灾害-监测系统-预警系统-研究-中国　Ⅳ.①S165

中国版本图书馆CIP数据核字（2021）第174555号

责任编辑　马维玲
责任校对　李向荣
责任印制　姜义伟　王思文

出 版 者	中国农业科学技术出版社
	北京市中关村南大街12号　邮编：100081
电　　话	（010）82109194（编辑室）　　（010）82109702（发行部）
	（010）82109702（读者服务部）
网　　址	https://castp.caas.cn
审 图 号	京审字（2023）G第2148号
经 销 者	各地新华书店
印 刷 者	北京建宏印刷有限公司
开　　本	170 mm×240 mm　1/16
印　　张	11.75
字　　数	200千字
版　　次	2021年9月第1版　2021年9月第1次印刷
定　　价	128.00元

目　录

1 绪 论

1.1 大数据的意义和作用

  我国是世界上农业气象灾害影响最严重的国家之一，发生的农业气象灾害有霜冻害、干热风、干旱、涝渍等。近几年随着全球变暖，极端天气气候事件呈上升趋势，农业气象灾害发生的风险也随之显著上升，这对我国农业可持续发展和粮食安全构成了严重威胁。对农业气象灾害进行监测预警，可为农业生产的防灾、避灾和灾害应对服务提供信息依据，对提升我国农业防灾减灾能力、保障农业生产都具有重要的现实意义。

  农业气象灾害监测预警离不开大数据的支持，总体需要气象、遥感和农业专题三大类数据。农业气象灾害的致灾因素通常由于极端天气事件引起，持续的气象要素的实况数据和预报数据，对农业气象灾害监测预警必不可少。遥感监测数据可反演出作物长势，即作物生长的状况和趋势。作物生长状况的监测，可以直接反映出作物对极端天气事件的响应，而且同一地点时间序列的图像了解不同生育阶段的作物长势，通过这种生长趋势规律的分析，可以了解作物对灾害事件的响应过程，这对评估大面积作物受灾状况和制定作物抗灾措施具有直接指导作用。农业专题数据内容，包括作物种植分布、生育期分布、品种抗逆性等，这些数据提供了作物的空间分布、生长阶段、品种特点等信息，是作物气象灾害监测预警的基础数据。

  农业气象灾害监测预警大数据库系统主要为我国三大粮食主产区的三大粮食作物的 13 种农业气象灾害、4 个灾害过程阶段的 52 个监测 / 预警模型提供数据支持。其中农业气象灾害主要有黄淮海冬小麦的霜冻害、干热风、干旱，黄淮海夏玉米的干旱和高温热害，东北春玉米的干旱、渍涝、低温冷害，东北水稻的低温冷害，长江中下游早稻和晚稻的低温冷害，以及长江中下游单季稻的干旱和高温热害。各类灾害的数据需求和应用情况如下。

1.1.1　霜冻害

霜冻害的研究使用气象预报/实况数据、作物生育期数据以及作物霜冻害标准，对作物霜冻害进行预报/监测；使用 NDVI 数据对灾情进行评估；最后，结合前面的分析结果利用灾损评估模型对灾损进行预估。

1.1.2　低温冷害

首先，使用气象预报数据、作物分布数据、作物生育期数据构建低温冷害预警指标，实现灾害预警；通过逐日最高气温、最低气温数据，构建低温冷害监测指标，对低温冷害发生程度、空间分布进行监测；结合前面得到的灾害监测数据以及 MODIS 逐日 SR 数据，实现对灾害情况的评估；最后，结合灾害程度、生育期数据与有关的抗灾补救措施，评估作物产量损失情况。

1.1.3　干热风

利用气象预报、作物分布数据、干热风预警指标预设数据，实现对干热风发生情况的预报；基于干热风监测、逐小时温度、相对湿度、风速、日 MODIS 产品 LST 等数据构建干热风监测指标，实现作物干热风灾害的实时监测；结合前面分析的干热风灾害过程分析（包括干热风持续时间、每次干热风强度）、作物长势监测，并结合灾害前的作物生长环境，对灾情进行评估；结合灾损预估模型实现灾损估计。

1.1.4　高温热害

利用气象预报、作物生育期数据、作物分布数据计算作物的高温热害指标，对高温热害情况进行预报；利用气象实时观测数据、作物生育期数据计算高温热害指标进行高温监测；利用气象资料、时间序列遥感数据、环境影响要素信息、作物生长状态信息构建作物灾害响应指标，生成高温热害强度分布图，显示灾害影响的范围、程度等；利用作物响应信息、生育期数据、作物生长模型，分析作物产量损失情况、生成像元作物产量灾损率分布图。

1.1.5　干旱

利用气象预报数据、作物生育期数据和分布数据构建干旱预警指标，对干旱条件进行预警；利用逐日降水、温度、气压、风速、相对湿度、日照时数等气象数据构建干旱监测指标，对干旱进行持续监测；通过 MODIS 的 8 天合成 LST 和 NDVI 数据，并结合作物响应干旱指标进行作物干旱监测、8 天合成气象干旱监测，生成干旱强度分布图；综合灾害强度、作用生育期阶段、抗灾补救措施等数据，分析作物产量损失情况，生成像元作物产量灾损率分布图。

1.1.6　渍涝

利用气象逐日观测和预报数据、作物分布数据和关键生育期信息构建渍涝预警指标构，评估孕灾环境脆弱性，预报渍涝情况；利用逐日降水、温度、气压、风速、相对湿度、日照时数等气象数据构建渍涝监测指标进行渍涝监测；利用 MODIS 逐日 SR 数据、渍害监测强度构建渍害评估指标，进行作物渍害响应评估、受渍害影响程度分级，生成渍涝强度分布图；综合灾害强度、作用生育期阶段、抗灾补救措施等数据，分析作物产量损失情况，生成基于像元统计的作物产量灾损率分布图。

1.2　大数据库系统的作用

三大粮食主产区的农业气象灾害类型多样，对灾害的预报、监测、评估和灾损等分析所需要的数据类型多种多样，并且各类灾害所需数据量非常大，需要构建服务于农业气象灾害监测预警的大数据库系统，为农业气象灾害数据的存储、管理和访问提供技术支持。

传统的数据库在海量数据存储和读取方面，会消耗大量的时间，且无法并行操作，进而影响农业气象灾害监测预警的进度。农业气象灾害监测大数据库使用分布式存储的方式，有效地弥补了传统数据库的不足，极大地增加了数据的存储量，为农业气象灾害监测和预警所需要的海量数据提供了数据存储的场所。同时，农业气象灾害监测预警大数据库通过建立合适的索引，提升了数据检索的速度，能够有效且及时地为农业气象灾害监测和预警操作提供数据支持，保障农业气象灾害预警和监测的时效性。

农业气象灾害监测预警大数据库系统功能主要包括以下几个方面。

- 数据接收：实现数据导入或实时接入；
- 数据存储：存储矢量栅格、属性表格等不同类型的数据；
- 产品管理：实现产品数据的在线入库和分类管理；
- 数据维护：实现数据日常维护功能，包括元数据管理、数据内容编辑等；
- 数据管理：实现数据的备份、恢复、用户管理、安全管理等；
- 数据展示：通过 GIS 展示数据库中的各类数据；
- 数据访问：数据访问 API，为农业气象灾害监测预警业务系统提供在线程序获取服务；
- 数据统计分析：实现基本的数据统计、分析和报表功能。

 ## 1.3 大数据库内容概述

农业气象灾害监测预警大数据库需要为农业气象灾害的分析和预警所需的各类数据提供存储场所，数据内容包括业务直接相关的数据，如历史气候数据、气象实况数据、天气预报、历史农业气象灾害、基础地理、遥感、作物生育期和农业生产相关数据，也包括数据管理和访问所需的各类数据，如元数据、用户安全数据。农业气象灾害监测预警大数据库主要内容如下。

- 历史农业气象灾害数据集：旱灾、涝渍、干热风、霜冻害等；
- 历史气候数据集：温度、湿度、日照时数、风速等；
- 农业减灾保产调控技术库：品种选择、农艺措施、化学调控、水肥管理等；
- 作物品种特性数据集：抗逆特性（抗寒、抗旱），耐逆特性（耐高温、低温、耐渍涝）；
- 作物生育期数据集：玉米、水稻、小麦的生育期；
- 农业生产数据集：作物种植分布、作物产量等；

- 天气预报数据集：天气现象、温度、风速等；
- 田间观测数据集：土壤温度、湿度等；
- 基础地理数据集：行政区划、土壤、高程等；
- 多源遥感数据：MODIS 及其产品数据；
- 模型中间结果数据集：CWDI 指数、KC 作物系数、潜在蒸散 ET_0 等；
- 产品数据集：旱灾、涝渍、干热风、冷害的强度分布数据等；
- App 众包采集数据：通过农业气象灾害田间服务 App 上传的图片、视频和文字描述数据等。

1.4　大数据库系统构建流程

农业气象灾害监测预警大数据库是一个规范化、数据持续更新的大数据管理系统，其构建过程包括以下技术步骤。

1.4.1　数据编码和元数据规范

数据编码规范明确了大数据库中农业气象各类数据的内容编码，元数据则明确了大数据库中数据描述条目和格式。

1.4.2　数据产品生产

数据生产主要包括气象数据空间化，生育期、作物品种特性数据的整理和分析，遥感指数产品的生产。

1.4.3　数据库系统设计

数据库设计为数据存储提供依据，明确不同类型数据的存储物理结构和逻辑结构。

1.4.4　数据建库

数据建库描述数据由原始数据接入、加工成产品和进入数据库的整体过程。

1.4.5 数据库管理系统

数据库管理系统提供大数据的存储、维护、查询、统计制图各项功能。

1.4.6 数据访问接口

数据访问接口提供数据库中各类数据 API 访问技术途径，包括气象时间序列数据访问、地理空间和遥感数据访问、表格数据访问等。

农业气象灾害监测预警大数据库构建流程如图 1.1 所示。

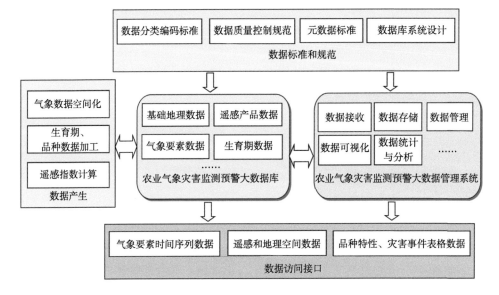

图 1.1 农业气象灾害监测预警大数据库构建流程图

2 农业气象灾害监测预警大数据库设计

2.1 数据分类编码和元数据规范

数据分类编码是在梳理和分析农业气象学、作物生理学、作物栽培与耕作学、作物种质资源与遗传育种学、自然地理学、人文地理学、土壤学、遥感机理与方法、地理信息系统、气候学与气候系统、数值预报与数值模拟、应用气象学、气象观测原理、气象观测方法及数据分析、水文、水资源、农业水利等已有的国内外相关数据分类标准的基础上，从农业气象灾害的监测、预警、评估以及减灾保产推广服务等视角出发，研制服务于预警平台的多视角数据分类与编码系统，实现主要粮食作物气象灾害预警大数据系统构建，便于数据建库与数据管理。

2.1.1 数据分类编码设计原则

2.1.1.1 数据分类编码原则

数据分类编码设计遵循以下 8 个分类原则。

（1）系统性原则

综合考虑数据主题一致性，按其内在联系进行系统化排列，确保类目唯一、结构合理、层次清晰、减少冗余。

（2）实用性原则

满足数据集分类编目的简便性、可操作和通用性需求和数据集查询的一致性理解。

按照"先通用、再专业"的顺序，以现有农业气象灾害预警大数据为基础，参考《中华人民共和国学科分类与代码简表国家标准》和《国家自然科学基金学科分类目录全科》，涉及其中的多个学科但又不完全等同于学科分类。主要有以下划分。

①参考国家自然科学基金委编码办法生成一级类别。

②根据数据专业性分为多个二级类别，并根据现有数据掌握情况，参考学科分类标准和专家意见，原则上将数据分至三级，部分数据分至四级。

（3）扩展性原则

当不可能全面列举或无须全面列举所有类目时，一般在"类"列的最后编制"其他"类，用以容纳尚未列举的内容。

（4）兼顾科学性原则

自上而下，优先选择最能代表农业气象信息数据集主题的语言、词条定义类目名称，编制受控分类体系表。

（5）稳定性原则

使用稳定的因素作为分类依据，同时提高分类体系的可延展性或兼容性，促进稳定性。

（6）明确性原则

同位类间应界限分明、非此即彼，便于分类标引和检索。

（7）均衡性原则

将分类表中类目均衡展开，使分类类目长度尽量一致，以方便使用。其控制的办法是在第一大类、二级类及三级类的范围内，对某些类目采取突出列类法，以提高其级位而取得较短号码。此外，还采用类组的形式将某些学科或主题概念合并列类。通过以上方法使分类表中类目的展开不出现某些局部过于概括或过于详细的情况，整体比较均衡。

（8）持续性原则

为保证分类编码标准的稳定性，设置类目时应以发展的眼光，有预见性地为某些有强大生命力的新事物编列必要的类目，或留出分类体系可扩展的余地。分类编码编制时，应充分参考各行业部门的科学数据，对一些新学科的发

展趋势以及由此对科学数据生产产生的影响，作预测性研究。

编码类型：一级类别采用字母编码；其他级别数据类别较多，超过10类，采用2位数字编码，考虑数据扩展性，每一类最后均编制其他类别，采用编码99。

2.1.1.2　数据分类编码规则

在科学、实用分类的基础上，将数据按照一定的规则设置代码，以便于被计算机和人识别。

农业气象灾害监测预警大数据编码体系由"类别码＋属性码"组成。

编码体系为"可扩充体系"，将其暂时扩充至99号编码。

2.1.2　数据分类编码设计

2.1.2.1　数据分类编码依据

本分类编码借鉴和参考了《中华人民共和国学科分类与代码简表国家标准》和《国家自然科学基金学科分类目录全科》等现有相关标准规范。主要引用的标准规范和数据网站如下。

学科分类与代码 GB/T 13745—2009；

国家自然科学基金委员会，中国国家自然科学基金学科分类目录 http：//www. nsfc.gov.cn/publish/portal0/tab226；

气象资料分类与编码 QX/T 102—2009；

气象资料分类与编码 QX/T 102—2011；

地理国情监测云平台 http：//www.dsac.cn/DataProduct；

中国气象数据网 http：//data.cma.cn/data/cdcindex/cid/0b9164954813c573.html；

中国遥感数据网 http：//rs.ceode.ac.cn/satelliteintroduce/introLandsats.jsp#；

国家卫星气象中心（原风云卫星遥感数据服务网）http：//www.nsmc.org.cn/NSMC/Channels/100003.html；

对地观测数据共享计划 http：//ids.ceode.ac.cn/。

数据分类编码设计时主要采用层次分类法和面分类法。层次分类法将研究对象依据不同属性类别特征分为不同层级，建立所属关系，形成整体分类编码结构体系；面分类法是将数据分类编码划分多个码段，每一个码段表示一类事物属性。

2.1.2.2 数据分类编码结构体系

数据分类编码设计参照《中华人民共和国学科分类与代码简表国家标准》和《国家自然科学基金学科分类目录全科》划分出 8 个一级大类；在一级大类下，划分出二级类；在二级类下划分不同类型为三级类；在三级类特征不够精确，无法满足要求时划分四级类，如图 2.1 所示。具体内容见表 2.1。

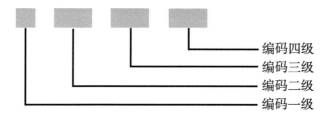

图 2.1　框架体系示意图

表 2.1 农业气象预警大数据分类编码表

一级分类		二级分类		三级分类	四级分类
		1	基础实时气象数据	1 气象观测站基础信息	
		1	基础实时气象数据	2 国家站小时气象数据	
		1	基础实时气象数据	3 区域站小时气象数据	
		1	基础实时气象数据	4 区域站小时降水数据	
		1	基础实时气象数据	5 国家站日照小时气象数据	
		1	基础实时气象数据	6 国家站气象辐射小时气象数据	
		1	基础实时气象数据	99 其他	
A	气象数据	2	实时气象数据统计	1 国家站实时地面气象日数据	
		2	实时气象数据统计	2 区域站实时地面气温日数据	
		2	实时气象数据统计	3 区域站实时地面降水日数据	
		2	实时气象数据统计	4 实时地面气象辐射日数据	
		2	实时气象数据统计	5 国家站实时地面气象逐旬数据	
		2	实时气象数据统计	6 区域站实时地面气象逐旬气温数据	
		2	实时气象数据统计	7 区域站实时地面气象逐旬降水数据	
		2	实时气象数据统计	8 实时地面气象辐射逐旬数据	

续表

一级分类	二级分类	三级分类	四级分类
	2 实时气象数据统计	9 国家站实时地面气象月数据	
	2 实时气象数据统计	10 区域站实时地面气象逐月气温数据	
	2 实时气象数据统计	11 区域站实时地面气象逐月降水数据	
	2 实时气象数据统计	12 实时地面气象辐射逐月数据	
	2 实时气象数据统计	99 其他	
	3 气象预报预警数据	1 乡镇精细化客观预报产品预报数据	
	3 气象预报预警数据	2 精细化客观预报产品（格点）数据	
A 气象数据	3 气象预报预警数据	3 县站精细化指导预报产品主观订正数据	
	3 气象预报预警数据	4 常规格式中短期预报订正数据	
	3 气象预报预警数据	5 预报类服务产品数据	
	3 气象预报预警数据	6 预警信号数据	
	3 气象预报预警数据	99 其他	
	4 气象数据产品	1 大气驱动场产品	
	4 气象数据产品	2 地表温度分析产品	
	4 气象数据产品	3 土壤湿度产品	

续表

一级分类		二级分类		三级分类		四级分类
A	气象数据	4	气象数据产品	4	土壤温度分析产品	
		4	气象数据产品	5	土壤相对湿度分析产品	
		4	气象数据产品	99	其他	
		99	其他			
B	气候数据	1	实时历史一体化气候数据	1	国家站区域站日数据	
		1	实时历史一体化气候数据	2	国家站区域站旬数据	
		1	实时历史一体化气候数据	3	国家站区域站月数据	
		1	实时历史一体化气候数据	4	国家站区域站年数据	
		1	实时历史一体化气候数据	5	日标准数据集	
		1	实时历史一体化气候数据	6	旬标准数据集	
		1	实时历史一体化气候数据	7	月标准数据集	
		1	实时历史一体化气候数据	8	年标准数据集	
		1	实时历史一体化气候数据	99	其他	
C	农业气象数据	1	农业小气候自动观测站数据	1	农业气象小时大气层数据	
		1	农业小气候自动观测站数据	2	农业气象日值资料大气层数据	

续表

一级分类	二级分类	三级分类	四级分类
C 农业气象数据	1 农业小气候自动观测站数据	3 农业气象旬值资料大气层数据	
	1 农业小气候自动观测站数据	4 农业气象月值资料大气层数据	
	1 农业小气候自动观测站数据	99 其他	
	2 农业气象观测数据	1 作物要素	1 作物生长发育数据
	2 农业气象观测数据	1 作物要素	2 植株叶面积数据
	2 农业气象观测数据	1 作物要素	3 灌浆速度数据
	2 农业气象观测数据	1 作物要素	4 产量因素数据
	2 农业气象观测数据	1 作物要素	5 产量结构数据
	2 农业气象观测数据	1 作物要素	6 区域（县）产量水平数据
	2 农业气象观测数据	1 作物要素	7 植株分器官干物质重量数据
	2 农业气象观测数据	1 作物要素	8 大田生育状况基本情况调查数据
	2 农业气象观测数据	1 作物要素	9 作物种类
	2 农业气象观测数据	1 作物要素	10 作物育种
	2 农业气象观测数据	1 作物要素	11 作物栽培（耕种）
	2 农业气象观测数据	2 作物品种特性要素	99 其他
	2 农业气象观测数据	2 作物品种特性要素	1 耐寒性

续表

一级分类		二级分类		三级分类		四级分类	
		2	农业气象观测数据	2	作物品种特性要素	2	耐旱性
		2	农业气象观测数据	2	作物品种特性要素	3	耐高温性
		2	农业气象观测数据	2	作物品种特性要素	4	耐渍涝性
		2	农业气象观测数据	2	作物品种特性要素	99	其他
		2	农业气象观测数据	3	自然物候要素数据	1	木本植物物候期
		2	农业气象观测数据	3	自然物候要素数据	2	草本植物物候期
		2	农业气象观测数据	3	自然物候要素数据	3	田间作业观察
C	农业气象数据	2	农业气象观测数据	99	其他	99	其他
		3	历史农业气象观测数据		同"农业气象观测数据"		
		4	非实时农业相关信息数据				
		5	农业气象实验数据				
		6	农田实景监测数据	1	作物生育期数据	1	播种期
		6	农田实景监测数据	1	作物生育期数据	2	出苗期（玉米）

续表

一级分类		二级分类		三级分类		四级分类	
		6	农田实景监测数据	1	作物生育期数据		育秧期（水稻）
		6	农田实景监测数据	1	作物生育期数据	3	越冬期
		6	农田实景监测数据	1	作物生育期数据	4	返青期
		6	农田实景监测数据	1	作物要素	5	移栽期（水稻）
		6	农田实景监测数据	1	作物要素		分蘖期（水稻）
		6	农田实景监测数据	1	作物要素		抽雄期（玉米）
		6	农田实景监测数据	1	作物要素	6	拔节期
C	农业气象数据	6	农田实景监测数据	1	作物要素	7	抽穗期
		6	农田实景监测数据	1	作物要素	8	开花期
		6	农田实景监测数据	1	作物要素	9	灌浆期
		6	农田实景监测数据	1	作物要素	10	成熟期
		6	农田实景监测数据	1	作物要素	99	其他
		6	农田实景监测数据	99	其他		
		7	作物减灾保产技术	1	生物技术		
		7	作物减灾保产技术	2	物理技术		
		7	作物减灾保产技术	3	化学技术		

续表

一级分类	二级分类	三级分类	四级分类
	7 作物减灾保产技术	99 其他	
	99 其他		
	1 水分类气象灾害	1 干旱	1 大气干旱
	1 水分类气象灾害	1 干旱	2 土壤干旱
	1 水分类气象灾害	1 干旱	3 生理干旱
	1 水分类气象灾害	1 干旱	99 其他
	1 水分类气象灾害	2 洪涝和湿灾	1 黑灾
	1 水分类气象灾害	2 洪涝和湿灾	2 洪水
	1 水分类气象灾害	2 洪涝和湿灾	3 涝害
D 气象灾害数据	1 水分类气象灾害	2 洪涝和湿灾	4 土壤湿害
	1 水分类气象灾害	2 洪涝和湿灾	5 凌汛
	1 水分类气象灾害	2 洪涝和湿灾	6 冻涝
	1 水分类气象灾害	2 洪涝和湿灾	7 空气湿害
	1 水分类气象灾害	2 洪涝和湿灾	99 其他
	1 水分类气象灾害	3 连阴雨	1 春季连阴雨
	1 水分类气象灾害	3 连阴雨	2 秋季连阴雨

续表

一级分类		二级分类		三级分类		四级分类
	1	水分类气象灾害	3	连阴雨	3	华西秋雨
	1	水分类气象灾害	3	连阴雨	99	其他
	1	水分类气象灾害	4	冰雪灾害	1	雪灾
	1	水分类气象灾害	4	冰雪灾害	2	冰凌
	1	水分类气象灾害	4	冰雪灾害	3	冻融灾害
	1	水分类气象灾害	4	冰雪灾害	99	其他
	1	水分类气象灾害	5	冰雹		
D 气象灾害数据	1	水分类气象灾害	99	其他		
	2	温度类气象灾害	1	寒潮		
	2	温度类气象灾害	2	冷灾	1	湿冷型
	2	温度类气象灾害	2	冷灾	2	晴冷型
	2	温度类气象灾害	2	冷灾	3	持续低温天气型
	2	温度类气象灾害	2	冷灾	99	其他
	2	温度类气象灾害	3	冻害		
	2	温度类气象灾害	4	霜冻	1	平流型霜冻

续表

一级分类		二级分类		三级分类		四级分类	
		2	温度类气象灾害	4	霜冻	2	辐射型霜冻
		2	温度类气象灾害	4	霜冻	3	平流辐射霜冻
		2	温度类气象灾害	4	霜冻	99	其他
		2	温度类气象灾害	5	热害	1	热浪
		2	温度类气象灾害	5	热害	2	干热风
		2	温度类气象灾害	5	热害	99	其他
		2	温度类气象灾害	99	其他		
		3	气流类气象灾害	1	大风		
		3	气流类气象灾害	2	台风		
		3	气流类气象灾害	3	龙卷风		
		3	气流类气象灾害	4	雷暴大风		
		3	气流类气象灾害	99	其他		
D	气象灾害数据	4	气象灾害监测成果数据	1	常见灾害监测成果	1	干旱监测成果图
		4	气象灾害监测成果数据	1	常见灾害监测成果	2	洪涝监测成果图
		4	气象灾害监测成果数据	1	常见灾害监测成果	3	冻害监测成果图
		4	气象灾害监测成果数据	1	常见灾害监测成果	4	寒害监测成果图

续表

一级分类		二级分类		三级分类		四级分类
	4	气象灾害监测成果数据	2	灾害状况监测成果	5	雪灾监测成果图
	4	气象灾害监测成果数据	2	灾害状况监测成果	6	沙尘暴监测成果图
	4	气象灾害监测成果数据	2	灾害状况监测成果	7	台风监测成果图
	4	气象灾害监测成果数据	2	灾害状况监测成果	8	灾害范围及强度监测成果图
	4	气象灾害监测成果数据	2	灾害状况监测成果	9	灾害过程监测成果图
D 气象灾害数据	4	气象灾害监测成果数据	2	灾害状况监测成果	10	灾害损失监测成果图
	4	气象灾害监测成果数据	2	灾害状况监测成果	99	其他
	4	气象灾害监测成果数据	99	其他		
	5	气象灾害上报数据				
	6	野外灾情采集	1	任务基础信息数据		
	6	野外灾情采集	2	任务调查信息表-农情与灾害调查		
	6	野外灾情采集	3	照片信息地址数据		
	6	野外灾情采集	99	其他		
	99	其他				

续表

一级分类	二级分类	三级分类	四级分类
	1 人口数据	1 人口总数	
	1 人口数据	2 流动人口	
	1 人口数据	3 常住人口	
	1 人口数据	4 人口密度数据	
	1 人口数据	99 其他	
E 社会经济类数据	2 经济状况数据	1 GDP公里格网数据	
	2 经济状况数据	2 收入统计空间分布数据	
	2 经济状况数据	3 农作物种植面积统计数据	
	2 经济状况数据	4 有效灌溉面积	
	2 经济状况数据	5 水产养殖面积	
	2 经济状况数据	6 经济林果种植面积	
	2 经济状况数据	7 农作物长势遥感监测数据	
	2 经济状况数据	8 公路里程	
	2 经济状况数据	9 行政辖区信息数据	
	2 经济状况数据	99 其他	

续表

一级分类		二级分类		三级分类	四级分类
F 灾害舆情数据	1	传播平台	1	新闻网站	
	2	传播平台	2	社交网络	
	2	传播平台	3	微博	
	2	传播平台	4	微信	
	2	传播平台	99	其他	
	2	灾情基本信息	1	灾种	
	2	灾情基本信息	2	时间	
	2	灾情基本信息	3	强度	
	2	灾情基本信息	4	空间位置	
	2	灾情基本信息	5	影响范围	
	2	灾情基本信息	6	灾害损失	
	2	灾情基本信息	7	救援需求	
	2	灾情基本信息	8	救援进度	
	2	灾情基本信息	99	其他	
	3	救助信息			
	99	其他			

续表

一级分类		二级分类		三级分类		四级分类
G	农业遥感数据	1	原始遥感数据	1	陆地卫星 Landsat 数据	
		1	原始遥感数据	2	EOS 卫星数据	
		1	原始遥感数据	3	Spot 卫星数据	
		1	原始遥感数据	4	风云 FY 气象卫星数据	
		1	原始遥感数据	5	高分 GF 卫星数据	
		1	原始遥感数据	6	环境 HJ 系列卫星数据	
		1	原始遥感数据	7	北京 BJ 小卫星数据	
		1	原始遥感数据	8	资源 CBERS 卫星数据	
		1	原始遥感数据	9	极轨 NOAA 卫星数据	
		1	原始遥感数据	10	陆地勘查卫星数据	
		1	原始遥感数据	99	其他	
		2	遥感产品数据	1	土地资源数据	1 全国高分辨率土地利用产品数据
		2	遥感产品数据	1	土地资源数据	2 土地利用数据
		2	遥感产品数据	1	土地资源数据	3 土地覆盖数据
		2	遥感产品数据	1	土地资源数据	4 耕地资源空间分布遥感产品数据
		2	遥感产品数据	1	土地资源数据	5 草地资源空间分布遥感产品数据

续表

一级分类	二级分类		三级分类		四级分类	
G 农业遥感数据	遥感产品数据	2	土地资源数据	1	林地资源空间分布遥感产品数据	6
	遥感产品数据	2	土地资源数据	1	水域资源空间分布遥感产品数据	7
	遥感产品数据	2	土地资源数据	1	全国大宗农作物种植范围空间分布产品数据	8
	遥感产品数据	2	土地资源数据	1	标准化农业统计作物数据层数据	9
	遥感产品数据	2	土地资源数据	1	复种指数产品（CCDL）	10
	遥感产品数据	2	土地资源数据	1	其他	99
	遥感产品数据	2	气象、气候数据	2	多年平均气温空间分布数据	1
	遥感产品数据	2	气象、气候数据	2	多年平均降水量空间分布数据	2
	遥感产品数据	2	气象、气候数据	2	湿润指数数据	3
	遥感产品数据	2	气象、气候数据	2	大于零度气温空间分布数据	4
	遥感产品数据	2	气象、气候数据	2	光合有效辐射数据	5
	遥感产品数据	2	气象、气候数据	2	其他	99
	遥感产品数据	2	灾害监测类数据	3	全国分省旱情信息数据	1
	遥感产品数据	2	灾害监测类数据	3	洪涝灾害灾情空间分布数据	2
	遥感产品数据	2	灾害监测类数据	3	汛情卫星影像信息数据	3

续表

一级分类		二级分类		三级分类		四级分类	
		2	遥感产品数据	3	灾害监测类数据	99	其他
		2	遥感产品数据	4	基础卫星遥感影像	1	Landsat 8
		2	遥感产品数据	4	基础卫星遥感影像	2	高分一号
		2	遥感产品数据	4	基础卫星遥感影像	3	高分二号
		2	遥感产品数据	4	基础卫星遥感影像	4	高分三号
		2	遥感产品数据	4	基础卫星遥感影像	5	高分六号
		2	遥感产品数据	4	基础卫星遥感影像	6	SPOT-6 卫星
		2	遥感产品数据	4	基础卫星遥感影像	7	法国 Pleiad 高分
		2	遥感产品数据	4	基础卫星遥感影像	8	资源三号
G	农业遥感数据	2	遥感产品数据	4	基础卫星遥感影像	9	资源一号 02C
		2	遥感产品数据	4	基础卫星遥感影像	10	风云 3 号
		2	遥感产品数据	4	基础卫星遥感影像	11	中巴资源
		2	遥感产品数据	4	基础卫星遥感影像	12	NOAA/AVHRR
		2	遥感产品数据	4	基础卫星遥感影像	13	MODIS
		2	遥感产品数据	4	基础卫星遥感影像	14	Landsat TM
		2	遥感产品数据	4	基础卫星遥感影像	15	环境小卫星

续表

一级分类	二级分类	三级分类	四级分类
G 农业遥感数据	2 遥感产品数据	1 基础卫星遥感影像	16 Landsat MSS
	2 遥感产品数据	1 基础卫星遥感影像	17 天绘一号卫星影像
	2 遥感产品数据	1 基础卫星遥感影像	18 陆地勘查卫星1号
	2 遥感产品数据	1 基础卫星遥感影像	19 陆地勘查卫星2号
	2 遥感产品数据	1 基础卫星遥感影像	20 陆地勘查卫星3号
	2 遥感产品数据	1 基础卫星遥感影像	21 陆地勘查卫星4号
	2 遥感产品数据	1 基础卫星遥感影像	22 哨兵2A
	2 遥感产品数据	1 基础卫星遥感影像	23 EOS卫星
	2 遥感产品数据	1 基础卫星遥感影像	24 Planet Labs
	2 遥感产品数据	1 基础卫星遥感影像	99 其他
	99 其他	99 其他	
H 地理背景数据	1 地形地貌	1 高程	
	1 地形地貌	2 地形特殊点	
	1 地形地貌	3 坡度坡向	
	1 地形地貌	4 地貌类型及分布	

续表

一级分类	二级分类		三级分类		四级分类
H 地理背景数据	1	地形地貌	5	地形地貌其他数据	
	1	地形地貌	99	其他	
	2	河流水系	1	河流	
	2	河流水系	2	湖泊	
	2	河流水系	3	运河、渠道	
	2	河流水系	4	水利设施	
	2	河流水系	99	其他	
	3	土壤	1	土壤类型	
	3	土壤	2	土壤剖面	
	3	土壤	3	土层厚度	
	3	土壤	4	土壤理化参数	
	3	土壤	5	土壤有机质	
	3	土壤	6	土壤呼吸	
	3	土壤	7	土壤肥力与土壤养分循环	
	3	土壤	99	其他	

续表

一级分类		二级分类		三级分类		四级分类
H	地理背景数据	4	土地利用	1	耕地	1 灌溉水田
		4	土地利用	1	耕地	2 望天水田
		4	土地利用	1	耕地	3 水浇地
		4	土地利用	1	耕地	4 雨养旱地
		4	土地利用	1	耕地	5 菜地
		4	土地利用	1	耕地	99 其他
		4	土地利用	2	园地	1 果园
		4	土地利用	2	园地	2 桑园
		4	土地利用	2	园地	3 茶园
		4	土地利用	2	园地	4 橡胶园
		4	土地利用	2	园地	99 其他
		4	土地利用	3	林地	1 有林地
		4	土地利用	3	林地	2 灌木林地
		4	土地利用	3	林地	3 疏林地
		4	土地利用	3	林地	4 迹地
		4	土地利用	3	林地	5 苗圃

续表

一级分类		二级分类		三级分类		四级分类	
H	地理背景数据	4	土地利用	3	林地	99	其他
		4	土地利用	4	草地	1	天然草地
		4	土地利用	4	草地	2	改良草地
		4	土地利用	4	草地	3	人工草地
		4	土地利用	4	草地	99	其他
		4	土地利用	99	其他（如空间数据、遥感影像等）		
		5	植被	1	植被种类		
		5	植被	2	植被类型		
		5	植被	3	植被指数		
		5	植被	99	其他		
		6	行政区划	1	行政区划		
		6	行政区划	2	自然区划		
		6	行政区划	3	经济区划		
		6	行政区划	99	其他		
99	其他						

29

2.1.2.3　数据分类编码具体内容

农业气象灾害预警大数据分类编码结构体系中，共分为气象数据（A）、气候数据（B）、农业气象数据（C）、气象灾害数据（D）、社会经济类数据（E）、灾害舆情数据（F）、农业遥感数据（G）、地理背景数据（H）8 个大类。

气象数据（A）共有基础实时气象数据、实时气象数据、气象预报预警数据和气象数据产品 4 个二级类。

气候数据（B）包括实时历史一体化气候数据。

农业气象数据（C）分为农业小气候自动观测站数据、农业气象观测数据、历史农业气象观测数据、非实时农业相关信息数据、农业气象实验数据、农田实景监测数据以及减灾保产技术 7 个二级类。其中农业气象观测数据包括作物要素、作物品种特性要素、自然物候要素 3 个三级类。历史农业气象观测数据子目录与农业气象观测数据一致。

气象灾害数据（D）共有水分类气象灾害、温度类气象灾害、气流类气象灾害、气象灾害监测成果数据、气象灾害上报数据和野外灾情采集数据 6 个二级类，水分类包括干旱等 5 个三级类，部分分到四级类；温度类包括寒潮等 5 个三级类；气流类包括大风等 4 个三级类；气象灾害监测成果数据包括常见灾害监测成果和灾害状况监测成果 2 个三级类。

社会经济类数据（E）有人口数据、GDP 经济类数据共 2 个二级类。

灾害舆情数据（F）有传播平台、灾情基本信息、救助信息 3 个二级类。

农业遥感数据（G）有原始遥感数据和遥感产品数据 2 个二级类，其中原始遥感数据有陆地卫星 Landsat 数据等 10 个三级类；遥感产品数据有土地资源数据等 4 个三级类。

地理背景数据（H）共有地形地貌、河流水系、土壤、土地利用、植被、行政区划 6 个二级类。其中，地形地貌有高程等 5 个三级类；河流水系有 4 个三级类；土壤有土壤类型等 7 个三级类；土地利用有耕地等 4 个三级类；植被有 3 个三级类；行政区划有 3 个三级类。

具体内容、实例参见附录。

2.1.3　授码原则

对农业气象灾害监测预警大数据一旦授码，不再改变，后期数据更新，分类更细时，可采用增加类别的方式，确保数据编码的唯一性。

2.1.4　应用示例

为进一步帮助理解和掌握数据分类编码的应用，以下列举 3 个示例。

例 1 ：关于"中国 21 世纪近 10 年春玉米生育期数据集"如何归类。

根据标准相关原则，"中国 21 世纪近 10 年春玉米生育期数据集"应归入农业气象数据 \ 农田实景监测数据 \ 作物生育期数据，代码：C 090101—09。

例 2 ：关于"省台站信息说明数据集"如何归类。

根据标准相关原则，"省台站信息说明数据集"，应归入气象数据 \ 基础实时气象数据 \ 气象观测站基础信息，代码：A 0101。

例 3 ：关于"地面观测数据记录表 -LAI- 叶绿素 - 株高数据集"如何归类。

根据标准相关原则，"地面观测数据记录表 -LAI- 叶绿素 - 株高数据集"，应该归入农业气象数据 \ 农业气象观测数据 \ 作物要素 \ 作物生长发育数据，代码：C 020101。

▌2.2　元数据规范

由于数据生产者和使用者都需要处理越来越多的数据，为了高效地保存、管理和维护数据，保障数据生产单位能够不受人员变动的影响，防止数据资产的流失，便于数据交换和共享，特制定农业气象灾害预警大数据元数据规范标准。

2.2.1　元数据规范设计

2.2.1.1　元数据规范编制原则

（1）通用原则

①需求导向、务求实效原则

在制定元数据内容标准，确定元数据内容元素时，既要考虑数据资源单位的数据资源特点以及工作的难易程度，不能选取过多的元数据元素，过于复杂不便工作使用；又要充分满足工程建设以及用户的查询提取数据的需要，不能过于简单。在复杂与简单之间取得平衡，同时实现数据的最大效益。只有这样才能真正满足各种用户的需求。

②前瞻性、科学性原则

标准不但要满足现阶段农业气象灾害预警大数据建设的标准化需求，更应该考虑将来一定时间内由于气象灾害预警体系发展等原因可能产生的标准化需求，这样制定出的标准才会更有生命力，不会很快被淘汰。农业气象灾害预警大数据元数据标准化工作，要积极采用国际标准和国内先进标准。这样既保证标准的先进性，又为将来农业气象灾害预警大数据元数据标准体系与国外的信息与服务的交流奠定了标准一致性的基础。

③统一性原则

在农业气象灾害预警大数据元数据建设的标准框架内制定。农业气象灾害预警大数据元数据给出了元数据内容框架，确定了元数据子集，并确定了元数据元素之间的层次关系，为基于其的领域元数据内容标准提供了统一的元数据内容框架。

④大量收集、特征分析

各领域在制定领域元数据标准时，首先要对这些领域的已有元数据标准及进展进行调查，同时要了解本领域共享的数据资源有哪些，大量收集所涉及数据类型，对这些数据进行特征分析，并结合各个领域专家的意见，分别生成各个领域的元数据内容标准。

⑤完整性原则

领域元数据尽量包含完整的内容。各领域的元数据内容标准尽量做成一个在本领域内相对完整的元数据内容标准，这样具体应用时，领域专用标准和应用系统根据具体情况只需要对领域元数据内容标准进行裁剪即可获得，只在特殊情况下才添加新的元数据元素，这样可以保证该领域内容元数据众多专用标准间的兼容和元数据标准实施工作的简单性。

（2）其他原则

①选取原则

农业气象灾害预警大数据元数据内容标准应包括核心元数据元素，并在公共元数据的基础上，根据参考元数据对其扩展，从而形成自己的领域元数据内容标准。

②扩展原则

A 扩展的元数据实体、元素不应改变公共元数据和参考元数据中的元数据元素的名称、定义数据类型等。

B 扩展的元数据可以定义为实体、元素、代码表等。

C 允许对现有元数据元素、值域施加比标准要求更加严格的约束条件（如在农业气象灾害预警大数据元数据内容标准中是可选的元数据元素）。

2.2.1.2   元数据规范引用文件

本规范借鉴和参考了《都柏林核心元数据元素集》《中国工程科技知识中心元数据规范（Ⅰ）》等现有相关标准规范。主要引用的标准规范如下。

空间和时间的量和单位 GB 3102.1—93；

WDC-D 元数据标准框架；

地球系统科学数据元数据标准 2004.9；

生态学数据资源元数据（征求意见稿）；

人地系统主题数据库建设与服务元数据内容标准（草案稿）；

人地系统主题数据库建设与服务元数据编写规范（草案稿）；

元数据标准化基本原则和方法（征求意见稿）。

2.2.2   元数据规范术语与定义

"元数据"（Metadata）是定义和描述其他数据的数据《信息技术　元数据注册系统（MPR）第1部分：框架》（GB/T 18391.1—2009，术语和定义3.2.18）。

2.2.2.1   元素

"元素"是 XML 术语，是元数据的基本单元。

2.2.2.2   属性

"属性"是 XML 术语，有属性名和属性值，可对元素进行描述、限定、说明。

2.2.2.3   数据标识信息

标识信息中主要是必选项，包括数据集名称、数据集编码、数据集摘要、数据集负责方信息等。

2.2.2.4 数据内容信息

内容信息中全为可选项，包括空间范围信息、数据集起止时间信息等。

2.2.2.5 数据分发信息

分发信息中既有必选项又有可选项，必选项有分发方信息和分发格式名称，可选项有分发格式版本、介质名称等。

2.2.2.6 数据质量信息

数据质量信息仅包括数据志一个必选项，可选项包括数据质量元素、数据质量状况、元数据标准名称及版本等。

2.2.2.7 数据引用信息

数据引用信息为可选项，包括引用方信息、引用资源名称等。

2.2.2.8 数据使用信息

数据使用信息为可选项，包括被引用信息、数据访问日志、数据装载日志等。

2.2.3 元数据规范内容

农业气象灾害预警大数据元数据规范由实体信息、附录和 XML 编码组成。其中，实体信息是最基础、最重要的部分，它反映了数据的基本内容与特征，每一部分各指标项又分为必选项与可选项 2 种。

2.2.3.1 标识信息

标识信息中主要是必选项，包括数据集名称、数据集编码、数据集摘要、数据集负责方信息等。

2.2.3.2 内容信息

内容信息中全为可选项，包括空间范围信息、数据集起止时间信息等。

2.2.3.3 分发信息

分发信息中既有必选项又有可选项，必选项有分发方信息和分发格式名称，可选项有分发格式版本、介质名称等。

2.2.3.4 数据质量信息

数据质量信息仅包括数据志一个必选项，可选项包括数据质量元素、数据质量状况、元数据标准名称及版本等。

2.2.3.5 数据引用信息

数据引用信息为可选项，包括引用方信息、引用资源名称等。

2.2.3.6 数据使用信息

数据使用信息为可选项，包括被引用信息、数据访问日志、数据装载日志等。

此外，将对各指标项的具体内容进行具体说明。元数据规范内容填写完成后，可生成 XML 文件供后期使用。

2.2.4 应用示例

为进一步理解和掌握元数据规范，举例如下（图 2.2）。

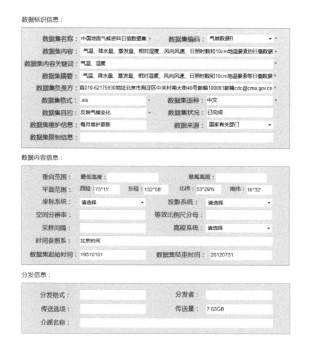

数据质量信息：

数据质量元素：		数据志：	数据统计日平均值，最后取平均
数据质量说明：	数据正确	处理步骤：	则相应要素日平均值缺测则处理
数据量：		元数据标准名称：	核心元数据（QX/T 39-2005）
元数据标准版本：	1.0		

引用信息：

引用资源名称：	3国家气象信息中心实时库数据	负责方：	
元数据创建日期：	20120804		

使用信息：

数据集被引用信息：		数据访问日志：	
质量稽核日志：		数据装载日志数据：	

图 2.2　元数据应用示例

2.3 农业气象灾害监测预警大数据类型

农业气象灾害监测预警大数据库的核心任务，是为农业气象灾害监测预警各类模型提供数据支持和输出结果的存储，并对外提供数据接口和数据服务。从内容上可以分为气象数据、田间观测数据、田间调查和试验数据、遥感数据、基础地理数据、农情数据、社会经济数据、农业气象灾害数据、监测预警模型输入和输出数据、监测预警成果产品、农业气象灾害监测报告、互联网大数据以及辅助信息库，具体见图 2.3。

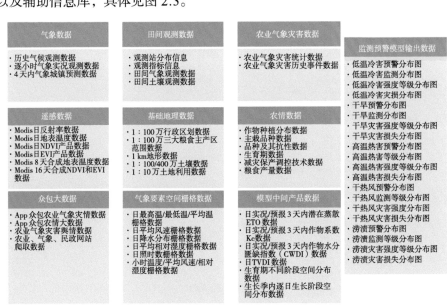

图 2.3　数据内容分类图

具体内容见表2.2，对表中数据集说明如下。

2.3.1 历史气候数据

历史气候观测资料数据集。三大粮食主产区，从1981—2015年的历史气象观测日值数据，观测指标包括日平均气温、日最高气温、日最低气温、日平均相对湿度、日最小相对湿度、20—20时降水量、日平均风速、日最大风速、日极大风速、日平均地面温度、日最高地面温度、日最低地面温度、日总日照时数、日总日照时百分率。

历史气候空间栅格数据集。为农业气象灾害监测预警模型准备的栅格化数据产品，由观测站点数据通过空间插值生成，内容包括日最高温、日最低温、日平均温、日平均风速、日降水量、日平均相对湿度、日照时数。

2.3.2 气象实况数据

气象站实况观测资料数据集。为通过 Web 接口在线接入的三大粮食主产区站点逐小时气象观测数据，指标包括天气现象、温度、湿度、风力、风向、相对湿度、降水量、气压。另外，该数据集还包括气象站点逐小时气象观测数据的逐日统计数据，统计指标包括日最高温、日最低温、日平均温、日降水量、日平均风速。

表 2.2　农业气象灾害监测预警大数据目录表

数据类型	数据集类型	数据指标或产品
		1981—2015 年逐日气象观测资料
历史气候数据	历史气候观测资料	历史气候逐日观测资料（指标包括日平均气温、日最高气温、日最低气温、日平均相对湿度、日最小相对湿度、20—20 时降水量、日平均风速、日最大风速、日极大风速、日平均地面温度、日最高地面温度、日最低地面温度、日总日照时数、日总日照时百分率）

续表

数据类型	数据集类型	数据指标或产品
历史气候数据	空间栅格数据	日最高温栅格数据
		日最低温栅格数据
		日平均温栅格数据
		日平均风速栅格数据
		日降水栅格数据
		日平均相对湿度栅格数据
		日照时数栅格数据
气象实况数据	气象站实况观测资料	通过 Web 接口逐小时在线接入的观测数据
		气象站逐小时观测资料（指标包括天气现象、温度、湿度、风力、风向、相对湿度、降水量、气压）
		小时观测资料逐日统计数据（指标包括日最高温、日最低温、日平均温、日降水量、日平均风速）
	小时气象观测空间栅格数据	小时温度栅格数据
		小时平均风速栅格数据
		小时相对湿度栅格数据
	逐日统计空间栅格数据	日最高温空间栅格数据
		日最低温空间栅格数据
		日平均温空间栅格数据
		日降水量空间栅格数据
		日平均风速空间栅格数据
气象预报数据	气象城镇预报资料（当前日期开始 4 天数据）	通过 Web 接口在线接入的数据，每天 8 时、12 时和 20 时 3 次预报
		气象城镇预报资料，每天 3 次预报，每次预报 4 天（指标包括白天天气现象、晚上天气现象、全天最高气温、全天最低气温、白天风力、晚上风力、白天风向、晚上风向）

续表

数据类型	数据集类型	数据指标或产品
气象预报数据	气象预报资料空间栅格数据	（空间栅格数据按照预报时效的不同，分为4天，每天对应1个栅格数据）
		预报最高温栅格数据
		预报最低温栅格数据
		预报平均温栅格数据
		预报降水栅格数据
		预报风速栅格数据
田间自动观测数据	田间气象观测数据（逐小时观测）	田间气象小时观测资料（指标包括空气温度、空气相对湿度、大气压力、雨量、风速、风向、累计太阳辐射量、当前太阳辐射量、第2组空气温度、第2组空气相对湿度）
		（多数为20 cm、30 cm、40 cm深度处观测值，少数站点有10 cm、50 cm、60 cm、80 cm、100 cm、120 cm处的观测值）
		田间土壤小时观测数据（指标包括不同深度的土壤温度、土壤水分）
遥感数据	MODIS数据	地表反射率数据
		NDVI数据
		EVI数据
		遥感反演地表温度数据
基础地理数据	三大粮食主产区范围数据	1：100万三大粮食主产区范围数据
	行政区划数据	1：100万行政区划数据
	地形数据	1 km DEM数据
	土壤数据	1：400万土壤数据
		1：100万土壤数据
	土地利用数据	2015年1：10万土地利用数据

续表

数据类型	数据集类型	数据指标或产品
农情数据	作物种植区分布	三大粮食作物在主产区的分布数据
	品种及其抗性数据	三大粮食作物品种抗性数据
	减灾保产调控技术数据	三大粮食作物不同气象灾害（13 种组合）下的减灾包产调控技术数据
	生育期原始数据	（作物包括黄淮海冬小麦、夏玉米；东北平原单季稻、春玉米；长江中下游的单季稻、双季早稻与晚稻）
		三大粮食主产区主要粮食作物生育期数据
	生育期空间栅格数据	（作物与区域组合同上）
		生育期不同阶段栅格数据
		生育期日序栅格数据
	作物产量原始数据	三大粮食作物在粮食主产省及所辖市的产量
农业气象灾害数据	农业气象灾害统计数据	包括主要粮食作物市、县级历史产量数据，以及受灾、成灾及绝收面积等灾情统计数据
	历史气象灾害事件数据	包括灾害类型、发生起始时间、灾害描述、严重程度、发生区域、危害作物
模型运行中间结果	气象实况栅格数据产品	日潜在蒸散 ET_0 栅格数据
		日作物系数 Kc 栅格数据
		日作物水分匮缺指数（CWDI）栅格数据
	天气预报栅格数据产品	（预报 3 天，每天数据）
		预报 3 天潜在蒸散 ET_0 栅格数据
		预报 3 天作物系数 Kc 栅格数据
		预报 3 天作物水分匮缺指数（CWDI）栅格数据

续表

数据类型	数据集类型	数据指标或产品
模型运行中间结果	历史气候栅格数据产品	历史作物水分匮缺指数（CWDI）平均值栅格数据
	遥感数据产品	日 TVDI 指数栅格数据
模型运行数据产品	黄淮海冬小麦低温冷害模型数据产品	低温冷害预警分布图
		低温冷害监测等级分布图
		低温冷害强度分布图
		灾损率分布图
	黄淮海冬小麦/夏玉米旱灾模型数据产品	干旱预警分布图
		干旱监测等级分布图
		旱灾强度分布图
		灾损率分布图
	黄淮海夏玉米高温热害模型数据产品	高温热害预警分布图
		高温热害监测等级分布图
	黄淮海夏玉米高温热害模型数据产品	高温热害强度等级分布图
		灾损率分布图
	黄淮海冬小麦干热风模型数据产品	干热风预警分布图
		干热风监测等级分布图
		干热风灾害强度分布图
		灾损率分布图
	东北春玉米干旱灾害模型数据产品	干旱预警等级分布数据
		干旱监测等级分布数据
		干旱灾害强度等级分布数据
		灾损率分布图

续表

数据类型	数据集类型	数据指标或产品
模型运行数据产品	东北春玉米/单季水稻延迟型冷害模型数据产品	延迟型冷害预警分布图
		延迟型冷害监测等级分布图
		延迟型冷害强度等级分布图
		灾损率分布图
	东北单季水稻障碍型冷害模型数据产品	障碍型冷害预警分布图
		障碍型冷害监测等级分布图
		障碍型冷害强度等级分布图
		灾损率分布图
	东北春玉米涝渍灾害模型数据产品	涝渍灾害预警分布图
		涝渍灾害监测等级分布图
		涝渍灾害强度等级分布图
		灾损率分布图
	长江中下游单季稻高温热害模型数据产品	高温热害预警分布图
		高温热害监测等级分布图
		高温热害灾害强度等级分布图
		灾损率分布图
	长江中下游单季稻季节性干旱模型数据产品	干旱预警分布图
		干旱监测等级分布图
		干旱灾害强度等级分布图
		灾损率分布图
	长江中下游双季早稻/晚稻低温冷害模型数据产品	低温冷害预警分布图
		低温冷害监测等级分布图
		低温冷害强度等级分布图
		灾损率分布图
农业气象灾情大数据	App 众包数据	农业气象灾情数据

小时气象观测空间栅格数据集。由三大粮食主产区气象站点逐小时气象观测数据通过空间插值生成的栅格数据，包括小时温度、平均风速、平均相对湿度生成的栅格数据。

逐日观测统计指标空间栅格数据集。由气象站点的小时观测资料逐日统计数据空间插值生成的栅格数据，包括日最高温、日最低温、日平均温、日降水量、日平均风速栅格数据集。

2.3.3　天气预报数据

天气城镇预报资料数据集。当前日期开始 4 天内天气预报数据。通过 Web 接口在线接入的数据，每天8时、12时和20时3次预报。指标包括白天天气现象、晚上天气现象、全天最高气温、全天最低气温、白天风力、晚上风力、白天风向、晚上风向。

天气预报资料空间栅格数据集。由天气预报站点的预报指标，经过公式转换和空间插值生成的栅格数据，包括预报日最高温、日最低温、日平均温、日降水、日风速栅格数据。

2.3.4　田间观测数据

由布设在三大粮食主产区的田间观测仪器获取的观测数据，观测内容包括田间气象观测与田间土壤观测数据。

田间气象小时观测数据集。观测指标包括空气温度、空气相对湿度、大气压力、雨量、风速、风向、累计太阳辐射量、当前太阳辐射量、第 2 组空气温度、第 2 组空气相对湿度。

田间土壤小时观测数据集。分布在不同深度的土壤观测指标，包括不同深度的土壤温度、土壤水分。多数为 20 cm、30 cm、40 cm 深度处观测值，少数站点有 10 cm、50 cm、60 cm、80 cm、100 cm、120 cm 处的观测值。

2.3.5　遥感数据

主要是千米尺度的农业气象灾害监测，所用到的数据集主要为 MODIS 数据。

遥感数据集。包括 MODIS 卫星每日地表反射率数据，以及由地表反射率计算得到的每日 NDVI 和 EVI 数据、每日的地表温度产品数据、8 天合成的地表温度产品数据、16 天合成的 NDVI 产品数据和 EVI 产品数据。

2.3.6　基础地理数据

基础地理数据集。包括行政区划、土地利用、土壤、DEM 等，模型所使用的数据主要包括种植区范围、行政区划和 DEM 数据。

2.3.7　农情数据

农情数据集。农情数据集主要内容包括生育期、作物种植区分布、品种抗性、减灾保产调控技术、作物产量原始数据，以及生育期按照不同日序和不同阶段插值获取的空间栅格数据。

2.3.8　农业气象灾害数据

农业气象灾害数据集。农业气象灾害数据集包括农业气象灾害统计数据和灾害的历史事件数据。

2.3.9　模型运行中间结果

模型运行中间结果数据集。该数据集是模型运行所需要准备的中间产品数据，包括潜在蒸散、作物系数、作物水分亏缺指数、TVDI 指数。

2.3.10　模型运行数据产品

模型运行数据产品数据集。该数据集是不同主产区、不同主要粮食作物、不同灾害共 13 种组合，每种组合的灾害监测预警全过程产生的数据产品，包括灾害预警分布图、灾害监测等级图、灾害强度分布图以及灾害灾损率分布图。

2.3.11　灾情大数据

农业气象灾情大数据集。由灾情 App 众包采集的农业气象灾情文字描述、作物或土壤图片等数据组成。

2.4 数据库结构与数据库建设

　　农业气象灾害大数据库设计包括数据库概念结构设计、逻辑结构设计和物理结构设计、数据字典几个方面的内容。《农业气象灾害监测预警大数据库设计书》从气象灾害监测预警所需的数据资源的内容和类型着手，在满足农业气象灾害监测预警模型的输入数据、输出数据存储的基础上，为农业气象灾害监测预警服务提供全面的数据存储支持。内容包括数据库存储逻辑结构与物理结构，为数据存储提供数据库建库方案；同时对数据的安全控制、存储策略进行设计，为数据管理和访问提供技术基础。

2.4.1　气象数据表

2.4.1.1　历史气候数据表

　　历史气候数据包括 1981—2015 年的逐日气象站点数据，气象要素包括温度、湿度、降水、风速、日照等。历史气候数据包括历史气象站点数据和历史气候数据日值数据，数据库表结构如图 2.4 所示。

t_meteo_data_day_history		
序列号	numeric（10, 0）	〈pk〉
台站号	numeric（6, 0）	〈fk〉
年	numeric（4, 0）	
月	numeric（2, 0）	
日	numeric（2, 0）	
日平均气温	numeric（10, 4）	
日最高气温	numeric（10, 4）	
日最低气温	numeric（10, 4）	
日平均相对湿度	numeric（10, 4）	
日最小相对湿度	numeric（10, 4）	
20-20 时降水量	numeric（10, 4）	
日平均风速	numeric（10, 4）	
日最大风速	numeric（10, 4）	
日最小风速	numeric（10, 4）	
日平均地面温度	numeric（10, 4）	
日最高地面温度	numeric（10, 4）	
日最低地面温度	numeric（10, 4）	
日总日照时数	numeric（10, 4）	
日总日照时百分比	numeric（4, 0）	

t_meteo_station_history		
台站号	numeric（6, 0）	〈pk〉
省份	varchar（30）	
区县	varchar（50）	
经度	numeric（10, 6）	
纬度	numeric（10, 6）	
高程	numeric（10, 4）	

t_meteo_spatial_datadir_history		
序列号	numeric（10, 0）	〈pk〉
粮食主产区编码	varchar（3）	
数据类型编码	varchar（3）	
数据目录	varchar（128）	

t_meteo_spatial_datafile_history		
序列号	numeric（10, 0）	〈pk〉
粮食主产区编码	varchar（3）	
数据类型编码	varchar（3）	
年	numeric（4, 0）	
月	numeric（2, 0）	
日	numeric（2, 0）	
数据文件	varchar（128）	

图 2.4　历史气候数据数据库表结构设计图

　　历史气象站点数据表数据字典如表 2.3 所示，历史气候数据日值数据表数据字典如表 2.4 所示。

表 2.3　历史气象站点数据表数据字典

表名：历史气象站点数据表（t_meteo_station_history）					
属性名	中文说明	类型	单位	范围	约束
STATIONID	台站号	NUMBER（6，0）			主键
PROVCN	省份中文名称	VARCHAR（30）		中国省份或直辖市名称	
DISTRICTCN	区县中文名称	VARCHAR（50）			
LONGITUDE	经度	NUMBER（10，6）	°		
LATITUDE	纬度	NUMBER（10，6）	°		
ALTITUDE	海拔	NUMBER（10，4）	m		

表 2.4　历史气候数据日值数据表数据字典

表名：历史气候数据日值数据表（t_meteo_data_day_history）					
属性名	中文说明	类型	单位	范围	约束
SERIALID	序列号	NUMBER（10，0）			主键
STATIONID	台站号	NUMBER（6，0）			
YEAR	年	NUMBER（2，0）			年、月、日存在唯一性约束
MONTH	月	NUMBER（2，0）			
DAY	日	NUMBER（2，0）			
MEANTEMPER	日平均气温	NUMBER（10，4）	℃		
HIGHTEMPER	日最高气温	NUMBER（10，4）	℃		
LOWTEMPER	日最低气温	NUMBER（10，4）	℃		

续表

表名：历史气候数据日值数据表（t_meteo_data_day_history）					
属性名	中文说明	类型	单位	范围	约束
MEANHUMID	日平均相对湿度	NUMBER（10，4）	%		
LOWHUMID	日最小相对湿度	NUMBER（10，4）	%		
DAYPRECIP	20—20时降水量	NUMBER（10，4）	mm		
MEANWINDSPEED	日平均风速	NUMBER（10，4）	m/s		
HIGHWINDSPEED	日最大风速	NUMBER（10，4）	m/s		
LOWWINDSPEED	日最小风速	NUMBER（10，4）	m/s		
MEANSURFTEMPER	日平均地面温度	NUMBER（10，4）	℃		
HIGHSURFTEMPER	日最高地面温度	NUMBER（10，4）	℃		
LOWSURFTEMPER	日最低地面温度	NUMBER（10，4）	℃		
DAYLIGHTHOURS	日总日照时数	NUMBER（10，4）	h		
DAYLIGHTPERCENT	日总日照时百分率	NUMBER（4）	%		

　　基于历史气候数据，可以通过空间插值的方式形成降水、温度和风速等栅格数据产品，并以此为基础可以计算获得 CWDI 指数数据产品，历史气候网格数据产品以文件方式存储，其存储的文件路径保存在历史气候数据产品栅格数据文件表中，表 2.5 是该表的数据字典。

表 2.5　历史气候数据产品栅格数据文件表数据字典

表名：历史气象数据产品栅格数据文件表（t_meteo_spatial_datafile_history）					
属性名	中文说明	类型	单位	范围	约束
SERIALID	序列号	NUMBER（10，0）		取值范围见三大粮食主产区编码表	主键
REGIONCODE	粮食主产区编码	VARCHAR（3）			

续表

表名：历史气象数据产品栅格数据文件表（t_meteo_spatial_datafile_history）					
属性名	中文说明	类型	单位	范围	约束
DATACODE	数据类型编码	VARCHAR（3）		取值范围见历史栅格数据类型编码表	存在唯一性约束
YEAR	年	NUMBER（4，0）			
MONTH	月	NUMBER（2，0）			
DAY	日	NUMBER（2，0）			
DATAFILE	数据文件	VARCHAR（128）			

另外，为了满足计算模型的需要，栅格数据类型的文件目录信息需要适当存放，其存储结构如表 2.6 所示。

表 2.6　历史气候数据产品类型文件目录表数据字典

表名：历史气象数据产品栅格数据文件目录表（t_meteo_spatial_datadir_history）					
属性名	中文说明	类型	单位	范围	约束
SERIALID	序列号	NUMBER（10，0）			主键
REGIONCODE	粮食主产区编码	VARCJAR（3）		取值范围见三大粮食主产区编码表	
DATACODE	数据类型编码	VARCHAR（3）		取值范围见历史栅格数据类型编码表	
DATADIR	数据目录	VARCHAR（128）			

2.4.1.2　气象实况和天气预报数据表

气象实况数据是通过数据接口，定时从网络接口下载获取数据，实况数据是逐小时更新的。通过该接口也可下载天气预报数据，天气预报到第 4 天（从当天开始），每天预报 3 次。为了计算需要，为气象实况数据建立气象日值数据表。气象实况与天气预报数据库表结构如图 2.5 所示。

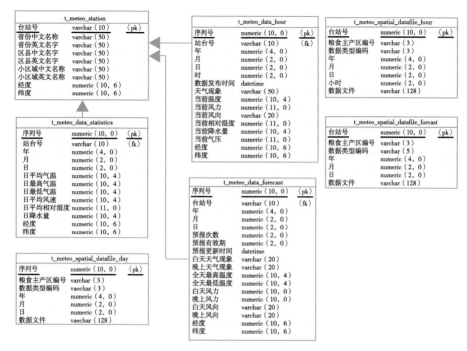

图 2.5　气象实况与天气预报数据库表结构图

气象实况和天气预报数据是按站点预报的，站点的信息结构如表 2.7 所示。

表 2.7　实况和预报气象站点数据表数据字典

表名：实时气象站点数据表（t_meteo_station）					
属性名	中文说明	类型	单位	范围	约束
STATIONID	台站号	VARCHAR（10）			主键
PROVCN	省份中文名称	VARCHAR（50）		中国省份或直辖市名称	
PROVEN	省份英文名称	VARCHAR（50）			
DISTRICTCN	区县中文名称	VARCHAR（50）			
DISTRICTEN	区县英文名称	VARCHAR（50）			
NAMECN	小区域中文名称	VARCHAR（50）			
NAMEEN	小区域英文名称	VARCHAR（50）			
LONGITUDE	经度	NUMBER（10，6）	°		
LATITUDE	纬度	NUMBER（10，6）	°		

气象实况数据的逐小时观测数据表数据字典如表 2.8 所示，气象实况数据日值数据表数据字典如表 2.9 所示。

表 2.8　气象实况数据逐小时观测数据表数据字典

表名：逐小时气象观测数据表（t_meteo_data_hour_[年 _ 月]）					
属性名	中文说明	类型	单位	范围	约束
SERIALID	序列号	NUMBER（10，0）			主键
STATIONID	台站号	VARCHAR（10）		t_meteo_station/ STATIONID	外键
YEAR	年	NUMBER（4，0）			年、月、日、时有唯一性约束
MONTH	月	NUMBER（2，0）			
DAY	日	NUMBER（2，0）			
HOUR	时	NUMBER（2，0）			
TIMESTAMP	数据发布时间	DATETIME	精确到分（min）		
PHENO	天气现象	VARCHAR（50）		《气象数据接口规范》编码表	
TEMPER	当前温度	NUMBER（10，4）	℃		
WINDPOW	当前风力	NUMBER（11，0）		《气象数据接口规范》编码表	
WINDDIR	当前风向	VARCHAR（20）		《气象数据接口规范》编码表	
HUMID	当前相对湿度	NUMBER（11，0）	%		
PRECIP	当前降水量	NUMBER（10，4）	mm，精确0.1 mm		
PRESSURE	当前气压	NUMBER（11，0）	kPa		
LONGITUDE	经度	NUMBER（10，6）	°		
LATITUDE	纬度	NUMBER（10，6）	°		

为了提高访问效率，气象实况数据逐小时观测数据按月分表存储，不同的月份存储在不同的数据表中，不同的年/月份表命名规则如下：t_meteo_data_hour_[年 _ 月]，如 2019 年 1 月的数据存储在表 t_meteo_data_hour_2019_01 中。

表 2.9　气象实况数据日值数据表数据字典

表名：逐小时气象观测资料日值数据表（t_meteo_data_statistics_[年]）					
属性名	中文说明	类型	单位	范围	约束
SERIALID	序列号	NUMBER（10, 0）			主键
STATIONID	台站号	VARCHAR（10）		t_meteo_station/STATIONID	外键
YEAR	年	NUMBER（4, 0）			年、月、日有唯一性约束
MONTH	月	NUMBER（2, 0）			
DAY	日	NUMBER（2, 0）			
MEANTEMPER	日平均气温	NUMBER（10, 4）	℃		
HIGHTEMPER	日最高气温	NUMBER（10, 4）	℃		
LOWTEMPER	日最低气温	NUMBER（10, 4）	℃		
MEANWNDSPEED	日平均风速	NUMBER（10, 4）	m/s		
MEANHUMID	日平均相对湿度	NUMBER（11, 0）	%		
PRECIP	日降水量	NUMBER（10, 4）	mm，精确 0.1 mm		
LONGITUDE	经度	NUMBER（10, 6）	°		
LATITUDE	纬度	NUMBER（10, 6）	°		

为了提高访问效率，气象实况数据逐日观测数据按年分表存储，不同的年份存储在不同的数据表中，不同的年份表命名规则如下：t_meteo_data_statistics_[年]，如 2019 年的数据存储在表 t_meteo_data_statistics_2019 中。

未来 4 天天气预报数据表数据字典如表 2.10 所示。

表 2.10　未来 4 天天气预报数据表数据字典

表名：逐 24 小时气象预报数据表（t_meteo_data_forecast）					
属性名	中文说明	类型	单位	范围	约束
SERIALID	序列号	NUMBER（10，0）			主键
STATIONID	台站号	VARCHAR（10）		t_meteo_station/STATIONID	外键
YEAR	年	NUMBER（4，0）			年、月、日、次数有唯一性约束
MONTH	月	NUMBER（2，0）			
DAY	日	NUMBER（2，0）			
SEQUENCES	预报次数	NUMBER（2，0）			
VALID	预报有效期	NUMBER（2，0）			
TIMESTAMP	预报更新时间	DATETIME	精确到分（min）		
DAYPHENO	白天天气现象	VARCHAR（20）		《气象数据接口规范》编码表	
NIGHTPHENO	晚上天气现象	VARCHAR（20）		《气象数据接口规范》编码表	
HIGHTEMPER	全天最高温度	NUMBER（10，4）	℃		
LOWTEMPER	全天最低温度	NUMBER（10，4）	℃		
DAYWINDPOW	白天风力	NUMBER（10，0）		《气象数据接口规范》编码表	
NIGHTWINDPOW	晚上风力	NUMBER（10，0）		《气象数据接口规范》编码表	

续表

表名：逐24小时气象预报数据表（t_meteo_data_forecast）					
属性名	中文说明	类型	单位	范围	约束
DAYWINDDIR	白天风向	VARCHAR（20）		《气象数据接口规范》编码表	
NIGHTWINDDIR	晚上风向	VARCHAR（20）		《气象数据接口规范》编码表	
LONGITUDE	经度	NUMBER（10，6）	°		
LATITUDE	纬度	NUMBER（10，6）	°		

通过实况数据日值统计数据，通过空间插值可以获取气温、风速等栅格数据产品，该产品以文件方式存储，文件信息存储表如表2.11所示。

表2.11　实况数据日值栅格数据文件数据字典

表名：气象日值数据产品栅格数据文件表（t_meteo_spatial_datafile_day）					
属性名	中文说明	类型	单位	范围	约束
SERIALID	序列号	NUMBER（10，0）			主键
REGIONCODE	粮食主产区编码	VARCHAR（3）		取值范围见三大粮食主产区编码表	
DATACODE	数据类型编码	VARCHAR（3）		取值范围见气象实况日值栅格数据产品编码表	
YEAR	年	NUMBER（4，0）			
MONTH	月	NUMBER（2，0）			
DAY	日	NUMBER（2，0）			
DATAFILE	数据文件	VARCHAR（128）			

通过实况数据的逐小时数据，通过空间插值可以获取温度、风速等栅格数据产品，该数据产品以文件方式存储，其文件目录信息如表2.12所示。

表 2.12　气象实况小时数据产品栅格数据文件表数据字典

表名：气象小时数据产品栅格数据文件表（t_meteo_spatial_datafile_hour）					
属性名	中文说明	类型	单位	范围	约束
SERIALID	序列号	NUMBER（10，0）			主键
REGIONCODE	粮食主产区编码	VARCHAR（3）		取值范围见三大粮食主产区编码表	
DATACODE	数据类型编码	VARCHAR（3）		取值范围见气象实况小时栅格数据产品编码表	
YEAR	年	NUMBER（4，0）			
MONTH	月	NUMBER（2，0）			
DAY	日	NUMBER（2，0）			
HOUR	小时	NUMBER（2，0）			
DATAFILE	数据文件	VARCHAR（128）			

通过未来 4 天的天气预报数据，系统可以通过空间插值获取未来 4 天气温、风速等插值栅格数据，并以文件方式保存，其文件路径信息如表 2.13 所示。

表 2.13　预报气象数据产品栅格数据文件表数据字典

表名：预报气象数据产品栅格数据文件表（t_meteo_spatial_datafile_forcast）					
属性名	中文说明	类型	单位	范围	约束
SERIALID	序列号	NUMBER（10，0）			主键
REGIONCODE	粮食主产区编码	VARCHAR（3）		取值范围见三大粮食主产区编码表	
DATACODE	数据类型编码	VARCHAR（5）		取值范围见气象预报数据栅格数据产品编码表	
YEAR	年	NUMBER（4，0）			
MONTH	月	NUMBER（2，0）			
DAY	日	NUMBER（2，0）			
DATAFILE	数据文件	VARCHAR（128）			

2.4.2　田间观测数据表

田间观测数据是由分布在试验田 / 地中的传感器实时获取的数据。田间观测数据分为田间气象观测和土壤观测 2 种类型，田间气象观测要素主要是温度、湿度、降水、风力、太阳辐射等，土壤观测主要是地下不同深度处的土壤温度和水分。田间观测数据数据库表结构如图 2.6 所示。

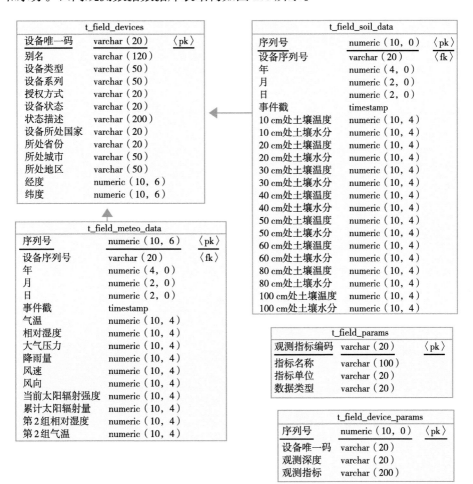

图 2.6　田间观测数据数据库表结构图

田间观测数据表数据字典如表 2.14 至表 2.18 所示。

表 2.14　田间观测站点信息表数据字典

表名：田间观测站点信息表（t_field_station）					
属性名	中文说明	类型	单位	范围	约束
DEVICESN	设备唯一码	VARCHAR（20）			主键
ALIAS	别名	VARCHAR（120）			
TYPE	设备类型	VARCHAR（50）		设备类型：田间气象站、气象墒情仪	
SERIES	设备系列	VARCHAR（50）			
AUTHORIZED	授权方式	VARCHAR（20）		"own"：直接授权，"shared"，间接授权	
STATUSCODE	设备状态	VARCHAR（20）		设备状态：Working（"工作中"），Fault（"故障"），Repairing（"维修中"），Transporting（"运输中"）	
STATUSDESC	状态描述	VARCHAR（200）			
COUNTRY	设备所处国家	VARCHAR（20）			
PROVINCE	所处省份	VARCHAR（20）			
CITY	所处城市	VARCHAR（50）			
DISTRICT	所处地区	VARCHAR（50）			
LONGITUDE	经度	NUMBER（10，6）	°		
LATITUDE	纬度	NUMBER（10，6）	°		

表 2.15　田间观测设备观测指标信息表数据字典

表名：田间观测设备观测指标信息表（t_field_device_params）					
属性名	中文说明	类型	单位	范围	约束
SERIALID	序列号	NUMBER（10，0）			主键
DEVICESN	设备唯一码	VARCHAR（20）		t_field_station/DEVICESN	设备编码外键

续表

表名：田间观测设备观测指标信息表（t_field_device_params）					
属性名	中文说明	类型	单位	范围	约束
NODE	观测深度	VARCHAR（20）	cm	可为地表 10 cm、20 cm、30 cm、40 cm 等不同深度值	
PARAMS	观测指标	VARCHAR（200）		逗号分隔的观测指标，每个观测指标编码对应观测指标表中的编码值	

表 2.16　田间观测指标编码表数据字典

表名：田间观测指标编码表（t_field_params）					
属性名	中文说明	类型	单位	范围	约束
PARAM	观测指标编码	VARCHAR（20）			主键
NAME	指标名称	VARCHAR（100）			
UNIT	指标单位	VARCHAR（20）		观测指标获取数据的度量单位	
TYPE	数据类型	VARCHAR（20）		text/numeric/binary	

表 2.17　田间气象观测数据表数据字典

表名：田间气象观测数据表（t_field_meteo_data_[年 _ 月]）					
属性名	中文说明	类型	单位	范围	约束
SERIALID	序列号	NUMBER（10，0）			主键
DEVICESN	设备序列号	VARCHAR（20）		t_field_station/DEVICESN	设备编码外键
YEAR	年	NUMBER（4，0）			
MONTH	月	NUMBER（2，0）			
DAY	日	NUMBER（2，0）			

续表

属性名	中文说明	类型	单位	范围	约束
表名：田间气象观测数据表（t_field_meteo_data_[年_月]）					
TIMESTAMP	事件戳	TIMESTAMP	s		
TEMPER	气温	NUMBER（10，4）	℃		
HUMID	相对湿度	NUMBER（10，4）	%		
PRESSURE	大气压力	NUMBER（10，4）	hPa		
PRECIP	降水量	NUMBER（10，4）	mm		
WINDSPEED	风速	NUMBER（10，4）	m/s		
WINDDIR	风向	NUMBER（10，4）	°	记录风向数据（0～360°）	
RADIATION	当前太阳辐射强度	NUMBER（10，4）	W/m²		
RADIATOTAL	累计太阳辐射量	NUMBER（10，4）	MJ/m²		
SECHUMID	第2组相对湿度	NUMBER（10，4）	%		
SECTEMPER	第2组气温	NUMBER（10，4）	℃		

表 2.18　田间土壤观测数据表数据字典

属性名	中文说明	类型	单位	范围	约束
表名：田间土壤观测数据表（t_field_soil_data_[年_月]）					
SERIALID	序列号	NUMBER（10，0）			主键
DEVICESN	设备序列号	VARCHAR（20）		t_field_station/DEVICESN	设备编码外键
YEAR	年	NUMBER（4，0）			
MONTH	月	NUMBER（2，0）			
DAY	日	NUMBER（2，0）			

续表

表名：田间土壤观测数据表（t_field_soil_data_[年 _ 月]）					
属性名	中文说明	类型	单位	范围	约束
TIMESTAMP	事件戳	TIMESTAMP	s		
TEMPER10	10 cm 处土壤温度	NUMBER（10，4）	℃		
MOISTURE10	10 cm 处土壤水分	NUMBER（10，4）	FwH		
TEMPER20	20 cm 处土壤温度	NUMBER（10，4）	℃		
MOISTURE20	20 cm 处土壤水分	NUMBER（10，4）	FwH		
TEMPER30	30 cm 处土壤温度	NUMBER（10，4）	℃		
MOISTURE30	30 cm 处土壤水分	NUMBER（10，4）	FwH		
TEMPER40	40 cm 处土壤温度	NUMBER（10，4）	℃		
MOISTURE40	40 cm 处土壤水分	NUMBER（10，4）	FwH		
TEMPER50	50 cm 处土壤温度	NUMBER（10，4）	℃		
MOISTURE50	50 cm 处土壤水分	NUMBER（10，4）	FwH		
TEMPER60	60 cm 处土壤温度	NUMBER（10，4）	℃		
MOISTURE60	60 cm 处土壤水分	NUMBER（10，4）	FwH		
TEMPER80	80 cm 处土壤温度	NUMBER（10，4）	℃		
MOISTURE80	80 cm 处土壤水分	NUMBER（10，4）	FwH		
TEMPER100	100 cm 处土壤温度	NUMBER（10，4）	℃		
MOISTURE100	100 cm 处土壤水分	NUMBER（10，4）	FwH		

　　为了提高访问效率，田间观测数据按年 / 月分表存储，不同的年 / 月存储不同的数据表中，年 / 月表命名规则如下：t_field_meteo_data_[年 _ 月]，如2019 年的数据存储在表 t_field_meteo_data_2019_01；t_field_soil_data_[年 _月]，如 2019 年的数据存储在表 t_field_soil_data_2019_01 中。

2.4.3　遥感数据产品表

　　MODIS 数据产品包括地表反射率、地表温度和植被指数，以文件方式存储，存储遥感数据产品表数据字典如表 2.19 所示。

表 2.19　存储遥感数据产品表数据字典

表名：遥感数据产品表（t_rsdata_products）					
属性名	中文说明	类型	单位	范围	约束
SERIALID	序列号	NUMBER（10，0）			主键
REGIONCODE	粮食主产区编码	VARCHAR（3）		取值范围见三大粮食主产区编码表	
DATACODE	数据类型编码	VARCHAR（10）		取值范围见遥感数据产品类型编码表	
YEAR	年	NUMBER（4，0）			
MONTH	月	NUMBER（2，0）			
DAY	日	NUMBER（2，0）			
DATAFILE	数据文件	VARCHAR（128）			

2.4.4　农情数据表

农业气象灾害监测预警中应用到的农情数据包括生育期数据、作物分布数据和作物产量数据。

2.4.4.1　生育期数据

生育期数据包括原始数据和栅格产品数据。生育期原始数据以数据表的形式保存在数据库中，不同区域、不同类型的作物用不同的表存储，表 2.20 至表 2.25 是生育期数据表数据字典。

表 2.20　冬小麦生育期数据表数据字典

表名：冬小麦生育期数据表（t_winterwheat_phenology）					
属性名	中文说明	类型	单位	范围	约束
SERIALID	序列号	Integer			主键
SITENO	台站号	String			
SITENAME	站名	String			

续表

表名：冬小麦生育期数据表（t_winterwheat_phenology）					
属性名	中文说明	类型	单位	范围	约束
PROVINCE	省名	String			
LATITUDE	纬度	Double	°	−90 ~ 90	
LONGITUDE	经度	Double	°	−180 ~ 180	
ALTITUDE	高程	Float	m		
SOWING	播种期	Integer			
EMERGING	出苗期	Integer			
TILLERING	分蘖期	Integer			
WINTERING	越冬期	Integer			
GREENING	返青期	Integer			
JOINTING	拔节期	Integer			
PREGNANT	孕穗期	Integer			
HEADING	抽穗期	Integer			
FLOWING	开花期	Integer			
FORMATIVE	籽粒形成期	Integer			
GROUTING	灌浆期	Integer			
MATURATION	成熟期	Integer			

表 2.21　夏玉米生育期数据表数据字典

表名：夏玉米生育期数据表（t_summermaize_phenology）					
属性名	中文说明	类型	单位	范围	约束
SERIALID	序列号	Integer			主键
SITENO	台站号	String			
SITENAME	站名	String			

续表

属性名	中文说明	类型	单位	范围	约束
	表名：夏玉米生育期数据表（t_summermaize_phenology）				
PROVINCE	省名	String			
LATITUDE	纬度	Double	°	−90 ～ 90	
LONGITUDE	经度	Double	°	−180 ～ 180	
ALTITUDE	高程	Float	m		
SOWING	播种期	Integer			
EMERGING	出苗期	Integer			
JOINTING	拔节期	Integer			
SMALLHORN	小喇叭口	Integer			
BIGHORN	大喇叭口	Integer			
TASSELING	抽雄期	Integer			
FLOWING	开花期	Integer			
SILKING	吐丝期	Integer			
GROUTING	灌浆期	Integer			
MATURATION	成熟期	Integer			

表 2.22　春玉米生育期数据表数据字典

属性名	中文说明	类型	单位	范围	约束
	表名：春玉米生育期数据表（t_springmaize_phenology）				
SERIALID	序列号	Integer			主键
SITENO	台站号	String			
SITENAME	站名	String			
PROVINCE	省名	String			
LATITUDE	纬度	Double	°	−90 ～ 90	
LONGITUDE	经度	Double	°	−180 ～ 180	

续表

表名：春玉米生育期数据表（t_springmaize_phenology）					
属性名	中文说明	类型	单位	范围	约束
ALTITUDE	高程	Float	m		
SOWING	播种期	Integer			
EMERGING	出苗期	Integer			
JOINTING	拔节期	Integer			
SMALLHORN	小喇叭口	Integer			
BIGHORN	大喇叭口	Integer			
TASSELING	抽雄期	Integer			
FLOWING	开花期	Integer			
SILKING	吐丝期	Integer			
GROUTING	灌浆期	Integer			
MATURATION	成熟期	Integer			

表 2.23　东北一季稻生育期数据表数据字典

表名：东北一季稻生育期数据表（t_northeast_singlecroppingrice_phenology）					
属性名	中文说明	类型	单位	范围	约束
SERIALID	序列号	Integer			主键
SITENO	台站号	String			
SITENAME	站名	String			
PROVINCE	省名	String			
LATITUDE	纬度	Double	°	−90 ~ 90	
LONGITUDE	经度	Double	°	−180 ~ 180	
ALTITUDE	高程	Float	m		
SOWING	播种期	Integer			
TRANSPLANTING	移栽期	Integer			

续表

表名：东北一季稻生育期数据表（t_northeast_singlecroppingrice_phenology）					
属性名	中文说明	类型	单位	范围	约束
REVIVING	返青期	Integer			
TILLERING	分蘖期	Integer			
JOINTING	拔节期	Integer			
PREGNANT	孕穗期	Integer			
HEADING	抽穗期	Integer			
FLOWING	开花期	Integer			
GROUTING	灌浆期	Integer			
MATURATION	成熟期	Integer			

表 2.24　双季早稻生育期数据表数据字典

表名：双季早稻生育期数据表（t_doublecropping_earlyrice_phenology）					
属性名	中文说明	类型	单位	范围	约束
SERIALID	序列号	Integer			主键
SITENO	台站号	String			
SITENAME	站名	String			
PROVINCE	省名	String			
LATITUDE	纬度	Double	°	−90 ~ 90	
LONGITUDE	经度	Double	°	−180 ~ 180	
ALTITUDE	高程	Float	m		
SOWING	播种期	Integer			
TRANSPLANTING	移栽期	Integer			
REVIVING	返青期	Integer			
TILLERING	分蘖期	Integer			

续表

表名：双季早稻生育期数据表（t_doublecropping_earlyrice_phenology）					
属性名	中文说明	类型	单位	范围	约束
JOINTING	拔节期	Integer			
PANICLE	穗分化期	Integer			
PREGNANT	孕穗期	Integer			
HEADING	抽穗期	Integer			
FLOWING	开花期	Integer			
GROUTING	灌浆期	Integer			
MATURATION	成熟期	Integer			

表 2.25　双季晚稻生育期数据表数据字典

表名：双季晚稻生育期数据表（t_doublecropping_laterice_phenology）					
属性名	中文说明	类型	单位	范围	约束
SERIALID	序列号	Integer			主键
SITENO	台站号	String			
SITENAME	站名	String			
PROVINCE	省名	String			
LATITUDE	纬度	Double	°	−90 ~ 90	
LONGITUDE	经度	Double	°	−180 ~ 180	
ALTITUDE	高程	Float	m		
SOWING	播种期	Integer			
TRANSPLANTING	移栽期	Integer			
REVIVING	返青期	Integer			
TILLERING	分蘖期	Integer			
JOINTING	拔节期	Integer			

续表

表名：双季晚稻生育期数据表（t_doublecropping_laterice_phenology）					
属性名	中文说明	类型	单位	范围	约束
PANICLE	穗分化期	Integer			
PREGNANT	孕穗期	Integer			
HEADING	抽穗期	Integer			
FLOWING	开花期	Integer			
GROUTING	灌浆期	Integer			
MATURATION	成熟期	Integer			

在实际应用中，主要使用生育期原始数据加工形成的空间栅格数据，包括作物不同生育期空间分布数据和作物按照生育期的进程构建的不同日序的生育期空间分布数据，这 2 种都是数据栅格，以文件方式存储，其存储的数据表分别为表 2.26 和表 2.27。

表 2.26　作物生育期空间分布数据表数据字典

表名：作物生育期空间分布数据表（t_phenology_periods）					
属性名	中文说明	类型	单位	范围	约束
SERIALID	序列号	NUMBER（10，0）			主键
REGIONCODE	粮食主产区编码	VARCHAR（3）		取值范围见三大粮食主产区编码表	
CROPTYPE	作物类型	VARCHAR（3）		取值范围见粮食作物类型编码表	
PHEOTYPE	生育期类型	VARCHAR（3）		取值范围见主要粮食作物（小麦、玉米、水稻）生育期类型编码表	
DATAFILE	数据文件	VARCHAR（128）			

表 2.27　作物不同日序的生育期空间分布数据表数据字典

表名：作物不同日序的生育期空间分布数据表（t_phenology_dates）					
属性名	中文说明	类型	单位	范围	约束
SERIALID	序列号	NUMBER（10，0）			主键
REGIONCODE	粮食主产区编码	VARCHAR（3）		取值范围见三大粮食主产区编码表	
CROPTYPE	作物类型	VARCHAR（3）		取值范围见粮食作物类型编码表	
YEAR	年	NUMBER（4，0）			
MONTH	月	NUMBER（2，0）			
DAY	日	NUMBER（2，0）			
DATAFILE	数据文件	VARCHAR（128）			

2.4.4.2　作物分布数据

作物分布数据指主要粮食作物在粮食主产区的空间分布，该数据为空间栅格数据，以文件方式存储，其数据文件信息存储在表 2.28 中。

表 2.28　作物空间分布数据表数据字典

表名：作物空间分布数据表（t_crop_distribution）					
属性名	中文说明	类型	单位	范围	约束
SERIALID	序列号	NUMBER（10，0）			主键
REGIONCODE	粮食主产区编码	VARCHAR（3）		取值范围见三大粮食主产区编码表	
CROPTYPE	作物类型	VARCHAR（3）		取值范围见粮食作物类型编码表	
DATAFILE	数据文件	VARCHAR（128）			

2.4.4.3　作物产量数据

作物产量数据以文件方式存储，文件信息存储在作物产量数据表中，该表结构如表 2.29 所示。

表 2.29 作物产量数据表数据字典

表名：作物产量数据表（t_crop_product）					
属性名	中文说明	类型	单位	范围	约束
SERIALID	序列号	NUMBER（10，0）			主键
REGIONCODE	粮食主产区编码	VARCHAR（3）		取值范围见三大粮食主产区编码表	
CROPTYPE	作物类型	VARCHAR（3）		取值范围见粮食作物类型编码表	
DATAFILE	数据文件	VARCHAR（128）			

2.4.5 品种抗性数据表

品种抗性数据表数据字典如表 2.30 至表 2.32 所示。

表 2.30 作物品种霜冻害抗性特征等级表数据字典

表名：作物品种霜冻害抗性特征等级表（t_crop_freezeresistance_level）					
属性名	中文说明	类型	单位	范围	约束
FEATURE	霜冻害抗性	String		耐寒性、中间型、敏感型	主键
LEVEL	级别	Integer		1级、2级、3级	
CHARACTERISTICS	表现特征	String			

表 2.31 作物品种霜冻害品种抗性数据表数据字典

表名：作物品种霜冻害品种抗性数据表（t_crop_freezeresistance_factor）					
属性名	中文说明	类型	单位	范围	约束
SERIALID	序列号	Integer			主键
CROP	作物类型	String		冬小麦	

续表

表名：作物品种霜冻害品种抗性数据表（t_crop_freezeresistance_factor）					
属性名	中文说明	类型	单位	范围	约束
BREEDNAME	品种名称	String			
EXAMNO	审定编号	String			
EXAMORGZN	报审单位	String			
EXAMDATE	报审日期	Date		年/月/日	
DISASTERTYPE	灾害类型	String			
FEATURE	抗性特征	String			外键：t_crop_freezeresistance_level/FEATURE
UPPERLEVEL	抗性指标上限	Float	%		
LOWERLEVEL	抗性指标下限	Float	%		
PHENOLOGY	灾害发生生育期	String			
FEATUREDESC	作物特征描述	String			
SELECTCND	筛选条件概述	String			
EVALORGZN	鉴定单位	String			
EVALDATE	鉴定日期	Date			
REGION	推广地区	String			
PROVIDER	出处	String			

表 2.32　地理区域数据字典

表名：地理区域数据表（t_geographic_region）					
属性名	中文说明	类型	单位	范围	约束
REGION	地理区域名称	String			主键
ALIAS	地理区域别名	String		多个名称用逗号分隔	
SHAPE	地理区域边界	GEOMETRY			

2.4.6 农业减灾保产技术库

农业减灾保产技术库正在收集整理中，表 2.33 和表 2.34 分别是黄淮海冬小麦冷害和夏玉米干旱的减灾保产技术库表数据字典。

表 2.33 黄淮海冬小麦冷害减灾保产技术库数据字典

表名：黄淮海冬小麦冷害减灾保产技术库数据表（t_huanghuaihai_winterwheat_cold）					
属性名	中文说明	类型	单位	范围	约束
PHENOLOGY	生育期	String		冬小麦生育期类型	主键
PERIOD	灾害时期	String		灾前、灾中、灾后	
TECHNOLOGY	减灾技术	String			
METHOD	减灾方法	String			
PREREQUISITES	应用前提	String			
DESCRIPTION	技术描述	String			
PURPOSE	目的	String			

表 2.34 黄淮海夏玉米干旱减灾保产技术库数据字典

表名：黄淮海夏玉米干旱减灾保产技术库数据表（t_huanghuaihai_sumermaize_drought）					
属性名	中文说明	类型	单位	范围	约束
PHENOLOGY	生育期	String		夏玉米生育期类型	主键
PERIOD	灾害时期	String		灾前、灾中、灾后	
TECHNOLOGY	减灾技术	String			
METHOD	减灾方法	String			
PREREQUISITES	应用前提	String			
DESCRIPTION	技术描述	String			
PURPOSE	目的	String			

2.4.7   基础地理数据表

基础地理数据包括矢量空间数据和栅格空间数据，都是以数据文件的方式存储，矢量和栅格数据文件信息分别存储在表 2.35 和表 2.36 中。

表 2.35   矢量空间数据表数据字典

表名：矢量空间数据表（t_geo_vector）					
属性名	中文说明	类型	单位	范围	约束
SERIALID	序列号	NUMBER（10，0）			主键
REGIONCODE	粮食主产区编码	VARCHAR（3）		取值范围见三大粮食主产区编码表	
DATACODE	矢量数据类型编码	VARCHAR（3）		取值范围见矢量空间数据类型编码表	
DATAFILE	数据文件	VARCHAR（128）			

表 2.36   栅格空间数据表数据字典

表名：作物产量数据表（t_geo_raster）					
属性名	中文说明	类型	单位	范围	约束
SERIALID	序列号	NUMBER（10，0）			主键
REGIONCODE	粮食主产区编码	VARCHAR（3）		取值范围见三大粮食主产区编码表	
DATACODE	栅格数据类型编码	VARCHAR（3）		取值范围见栅格空间数据类型编码表	
DATAFILE	数据文件	VARCHAR（128）			

2.4.8   模型运行中间和分阶段结果数据表

模型运行结果包括模型运行中间结果和 T0、T1、T2、T3 阶段运行结果数据，这些结果数据均以文件方式保存，中间结果和阶段性结果分别存储在表 2.37 和表 2.38 中。

表 2.37　模型运行中间结果数据表数据字典

表名：模型运行中间结果数据表（t_modeldata_output）					
属性名	中文说明	类型	单位	范围	约束
SERIALID	序列号	NUMBER（10，0）			主键
REGIONCODE	粮食主产区编码	VARCHAR（3）		取值范围见三大粮食主产区编码表	
DATACODE	中间结果类型编码	VARCHAR（10）		取值范围见模型运行中间结果类型编码表	
YEAR	年	NUMBER（4，0）			
MONTH	月	NUMBER（2，0）			
DAY	日	NUMBER（2，0）			
DATAFILE	数据文件	VARCHAR（128）			

表 2.38　模型运行阶段性结果数据表数据字典

表名：模型运行阶段性结果数据表（t_modelresult_output）					
属性名	中文说明	类型	单位	范围	约束
SERIALID	序列号	NUMBER（10，0）			主键
REGIONCODE	粮食主产区编码	VARCHAR（3）		取值范围见三大粮食主产区编码表	
DATACODE	阶段性结果类型编码	VARCHAR（10）		取值范围见模型运行阶段性结果类型编码表	
YEAR	年	NUMBER（4，0）			
MONTH	月	NUMBER（2，0）			
DAY	日	NUMBER（2，0）			
DATAFILE	数据文件	VARCHAR（128）			

2.4.9 农业气象灾害历史事件数据表

农业气象灾害历史事件数据表数据字典如表 2.39 所示。

表 2.39 农业气象灾害历史事件数据表数据字典

表名：农业气象灾害历史事件数据表（t_historical_event）					
属性名	中文说明	类型	单位	范围	约束
ID	事件 ID	Integer			主键
PROVINCE	发生省份	String			
STARTYEAR	起始年份	Integer			
STARTMONTH	起始月份	Integer			
ENDYEAR	结束年份	Integer			
ENDMONTH	结束月份	Integer			
TYPE	灾害类型	String		低温冷害、冻害、高温热害、干热风、旱灾	
CROP	危害作物	String		多个作物以逗号相隔	
SEASON	发生季节	String		春、夏、秋、冬	
REGION	发生区域	String		多个区域以逗号相隔	
NUMBER	区域个数	Integer			
AFFECTED	受灾面积	Real	hm^2		
DAMAGEAREA	成灾面积	Real	hm^2		
DESCRIPTION	发生描述	String			
DAMAGE	危害描述	String			

2.4.10 田间调查 App 数据集合

田间调查数据以集合方式存储到 MongoDB 中，集合结构如表 2.40 所示。

表 2.40　田间 App 调查数据集合

表名：田间调查数据集合（t_field_survey_collection）					
属性名	中文说明	类型	单位	范围	约束
ID	序列号				主键
LATE	维度	String		灾前、灾中、灾后	
LONG	经度	String			
CROP	作物类型	String			
DAR	灾害类型	String			
DESC	描述	String			
PICS	图片集合	Collection			
PID	图片编号	Integer			
PTYPE	图片类型	String			

2.5　数据产品入库和更新过程

　　农业气象灾害监测预警大数据库的核心任务主要是支持农业气象灾害监测预警模型需要的数据接入、质量控制、存储和加工生产。该任务流程过程由数据入库流程和数据加工流程两部分组成。

　　数据入库流程的核心是数据入库前的质量管理；数据加工流程则指运用原始的气象、遥感和作物生育期分布数据，加工生成气象、遥感与生育期有关的空间分布数据的流程。图 2.7 是农业气象灾害监测预警大数据库总体流程。从图中可见，无论是数据的入库流程还是数据的生产流程，具有不同的运行时间频率要求。对于数据接入流程，运行时间频率说明如下。

　　逐小时气象实况数据：该数据为从 Web 接口接入的气象站点小时实况数据，由于站点数据发布的时间不一致，所以对该数据接口的访问一般是以 5 min 为周期，实时访问。

　　城镇天气预报数据：该数据每天发布 3 次，分别是 8 时、12 时和 20 时，所以需要每天读取 3 次。

田间观测数据：田间观测数据是逐小时数据，考虑到第三方的数据缓存能力，为了降低网络开销，采用逐小时访问模式。

众包数据：App 采集的农业气象灾情数据，由移动端 App 推送，数据库实时接入。

遥感数据：从 MODIS 官方网站获取每日的地表反射率数据，所以需要每日定时访问。

历史气候数据：历史气候资料批次处理。

基础地理数据：基础地理数据为粮食种植区行政区划、DEM、土地利用和土壤数据，入库后在一定周期内可不需要更新。

农情数据：农情数据主要为收集整理数据，如生育期数据、品种抗性数据等，随着收集整理过程，不定期地将数据存入数据库。

不同类型的数据产品具有不同的运行时间频率要求。对于数据产品生产流程，运行时间频率说明如下。

气象实况数据日值统计：为逐小时气象实况数据每日的气象要素统计过程。按照模型的运行要求，一般统计时间区间为前一天 20 时到当天 20 时，每日晚间调度于 20 点后。

实况气象指标空间插值：实况气象指标空间插值过程有 2 个不同的时间调用频率，逐小时气象要素栅格数据生产每小时调用 1 次；而气象实况日值统计要素栅格数据每天调用 1 次。

遥感产品生成：遥感产品中每日 EVI、NDVI 数据生产需要每天调用，同时顾及每天监测合成产品有无最新数据可下载。

模型中间结果生成：模型中间结果主要指农业气象灾害 T0 ~ T3 阶段运行模型所需要输入数据，有气象、遥感等数据加工而来，需要每天在模型运行前准备好，每天调用 1 次。

模型运行产品生成：为农业气象灾害 T0 ~ T3 阶段模型运行结果，需要作为产品数据入库，在每次模型运行结束后调用。

生育期栅格数据生成：生育期栅格数据有 2 种，一种是生育期不同阶段的空间分布，由点上生育期阶段日序空间插值形成；另一种是作物生长季中，同一日期不同生育期阶段的空间分布数据。这 2 种空间栅格数据都是一次性加工形成，再根据点上数据更新情况重新生成。

历史气象栅格数据生成：根据历史气候栅格资料中气象日值指标数据，通过空间插值生成历史气象栅格数据，该过程一次性加工完成。

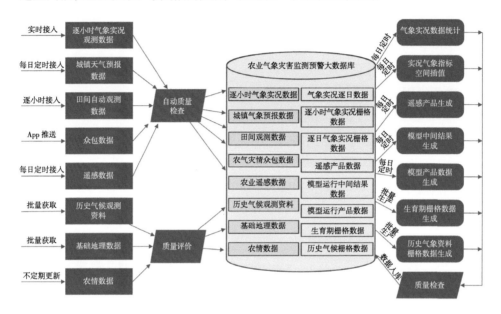

图 2.7　农业气象灾害监测预警大数据库总体流程图

3 农业气象灾害监测预警数据产品生产

▌3.1 气象数据产品

气象数据产品主要有历史气候数据、气象实况数据、天气预报数据这三大类。这些数据的详细内容如下所示。

产品一：历史气候数据

历史气候观测资料数据集。三大粮食主产区，从1981—2015年的历史气象观测日值数据，观测指标包括日平均气温、日最高气温、日最低气温、日平均相对湿度、日最小相对湿度、20—20时降水量、日平均风速、日最大风速、日极大风速、日平均地面温度、日最高地面温度、日最低地面温度、日总日照时数、日总日照时百分率。

历史气候空间栅格数据集。为农业气象灾害监测预警模型准备的栅格化数据产品，由观测站点数据通过空间插值生成，内容包括日最高温、日最低温、日平均温、日平均风速、日降水、日平均相对湿度、日照时数观测指标空间化数据。

产品二：气象实况数据

气象站实况观测资料数据集。为通过Web接口在线接入的三大粮食主产区站点逐小时气象观测数据，指标包括天气现象、温度、湿度、风力、风向、相对湿度、降水量、气压。另外，该数据集还包括气象站点逐小时气象观测数据的逐日统计数据，统计指标包括日最高温、日最低温、日平均温、日降水量、日平均风速。

小时气象观测空间栅格数据集。由三大粮食主产区气象站点逐小时气象观测数据通过空间插值生成的栅格数据,包括小时温度、平均风速、平均相对湿度生成的栅格数据。

逐日观测统计指标空间栅格数据集。由气象站点的小时观测资料逐日统计数据空间插值生成的栅格数据,包括日最高温、日最低温、日平均温、日降水量、日平均风速栅格数据集。

产品三:天气预报数据

天气城镇预报资料数据集。当前日期开始 4 天内天气预报数据。通过 Web 接口在线接入的数据,每天 8 时、12 时和 20 时 3 次预报。指标包括白天天气现象、晚上天气现象、全天最高气温、全天最低气温、白天风力、晚上风力、白天风向、晚上风向。

天气预报资料空间栅格数据集。由天气预报站点的预报指标,经过公式转换和空间插值生成的栅格数据,包括预报日最高温、日最低温、日平均温、日降水、日风速栅格数据。

3.1.1 数据生产方法

3.1.1.1 气象要素空间插值方法分析

气象数据主要分为 2 类数据:气象资料数据集和气象栅格数据集。其中气象资料数据集从各个农业气象站直接获得,并将数据整理成相应的表;气象栅格数据集,是通过在气象资料数据集的基础上插值完成。

目前利用离散气象站点空间插值获取整个区域的气象数据的方法主要有反距离加权法(Inverse Distance Weighted,IDW)、克里金法(Kriging)、PRISM 法、趋势面法、薄盘样条法(Thin Plate Smoothing Spline,TPS)等。其中 Kriging 法和 IDW 在实际应用中最为广泛,但基于曲率最小原则的 TPS 是利用气象要素空间光滑分布的特点来拟合曲面,同时它还提供了许多误差估计的方案,数据结构和计算更简便,因此,部分学者会在气象数据空间插值中使用 TPS。为了方便 TPS 的应用,Hutchinson 开发了专用气候数据空间插值程序包 ANUSPLIN,允许引入多元协变量线性子模型,可以平稳处理二维以上的样条,并且能同时完成 2 个以上表面的空间插值,对于时间序列的气象数据插值尤为适用。

为了进一步比较 IDW、Kriging 和 ANUSPLIN 对三大粮食主产区的气候要素插值结果精度，使用这 3 种方法分别对平均温、降水、风速、相对湿度和日照进行空间插值分析，以日最低温为例的插值效果如图 3.1 所示，并通过平均绝对误差对这 3 种方法进行了评估，插值结果如图 3.2 所示。

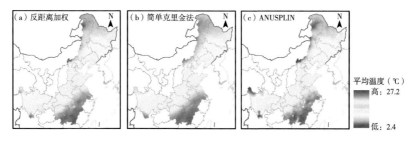

图 3.1　不同插值方法对最低气温的插值图

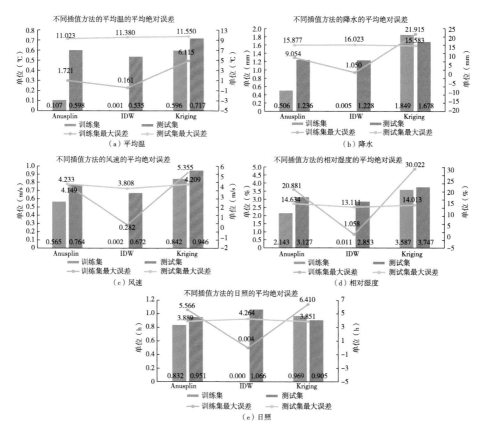

图 3.2　不同插值方法对黄淮海平原各类气象数据的平均绝对误差分布

从图 3.2 可以发现,在训练集中,IDW 的整体平均绝对误差最小,ANUS-PLIN 次之,Kriging 最大,其误差最大值分布也有同样的结果;但在测试集中 IDW 和 ANUSPLIN 的整体误差相近,并且小于 Kriging,但测试集误差最大值与整体误差结果有所偏差,三者最大值误差相近,其中 ANUSPLIN 和 Kriging 在平均温、降水和日照的测试集中的最大值误差要优于 IDW。通过分析可以得知,基于距离分析的 IDW 方法存在一定的过拟合情况,对于站点较稀疏区域的插值结果较另外 2 种方法弱,并且越稀疏插值误差越大;而 Kriging 利用统计规律实现面的插值,在温度和降水上的插值效果同通过空间光滑实现曲面拟合的 ANUSPLIN 方法相比,在气象要素插值方面表现弱。综上所述,考虑到黄淮海平原气象站点分布情况以及插值精度结果分析,选择使用 ANUSPLIN 方法对气象数据进行空间插值。

此外,ANUSPLIN 的优点除了样条自变量外,还允许引入线性协变量,如在插值过程中引入高程作为协变量,可以消除海拔不同带来的插值结果的影响。因此,为了评估基于 ANUSPLIN 插值方法是否需要加入 DEM 这一协变量,需进一步比较未加入 DEM 的 ANUSPLIN 插值方法与加入 DEM 的插值方法对各气象要素的插值误差和插值所需时间,插值效果如图 3.3 所示,插值误差和所需时间分别如图 3.4 和表 3.1 所示。

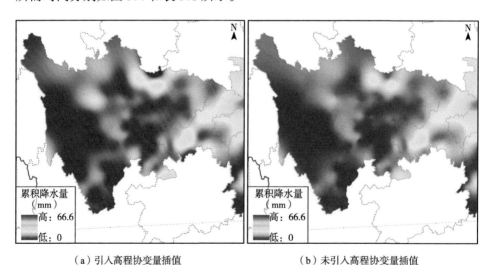

（a）引入高程协变量插值　　　　　　（b）未引入高程协变量插值

图 3.3　是否引入高程协变量的插值分布图

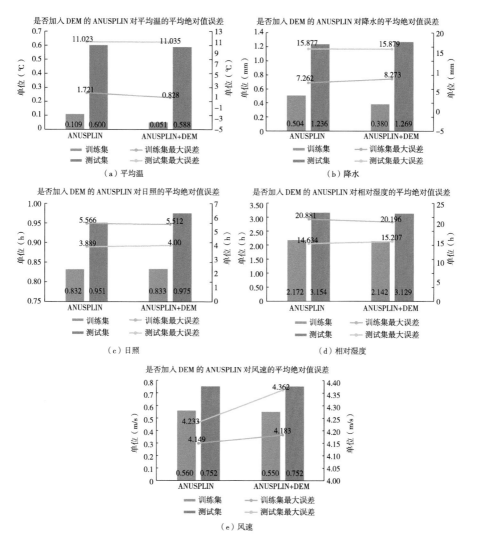

图 3.4　是否加入 DEM 的 ANUSPLIN 对各类气象数据插值的平均绝对误差分布

表 3.1　是否加入 DEM 的 ANUSPLIN 插值时间　　　　　　　　单位（s）

插值方法	平均温	降水	日照	相对湿度	风速
未加入 DEM 的 ANUSPLIN	0.003	0.003	0.003	0.003	0.003
加入 DEM 的 ANUSPLIN	276.105	271.829	264.774	265.641	262.451

图 3.4 的评估结果显示，由于黄淮海平原地势平坦，海拔对其结果影响不大，虽然加入高程协变量后，各要素的插值结果有略微改善，但单幅影像插值所需时间大大增加，其时间随着站点数增加而增长。综合考虑插值误差和插值时间，最终选择未加入 DEM 的 ANUSPLIN 对各类气象要素进行空间化。

3.1.1.2　气象要素空间插值方法并行化

为了提高数据空间化的速率，对基于 ANUSPLINA 薄盘样条函数空间插值算法进行并行化改造。以东北平原为试验测试区域，运行环境：Intel Xeon E5-2620 V4 2.1GHz 8cores 16threads Windows 10 64 bit，从插值空间分辨率和并行线程个数的角度对其进行性能分析。通过研究并行线程数的逐步增加和插值空间分辨率逐步降低与运行时间的关系，确定并行空间化方案，结果如图 3.5 和图 3.6 所示。

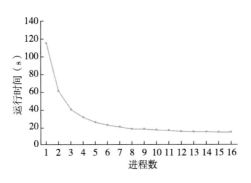

图 3.5　公里网格插值程序运行时间与并行进程个数的关系

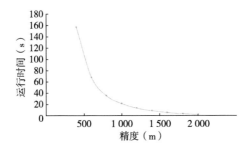

图 3.6　程序运行时间与插值网格大小的关系

图 3.5 和图 3.6 显示，随着并行进程数增多，插值效率逐步提高，并接近平缓；随着插值空间分辨率的降低，ANUSPLIN 插值所需时间逐步减少。综

合考虑插值时间和程序复杂度，选择进程数为 8、插值空间分辨率为 10 km 的 ANUSPLIN 插值程序实现气象数据的空间化，以东北平原为例的插值结果如图 3.7 所示。

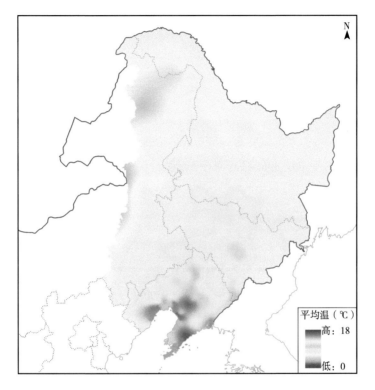

图 3.7　基于并行化算法的插值结果图

3.1.2　数据生产流程

气象数据产品包括历史气候数据产品、气象实况数据产品和气象预报数据产品。

3.1.2.1　历史气候数据产品

历史气候数据产品是来源于国家气象信息中心的中国气象科学数据共享网中 1985—2016 年的日值气象站点数据，包括日最高温、最低温、平均温、平均风速、降水量和日照数据，日值历史气象要素空间栅格数据生产流程如图 3.8 所示。

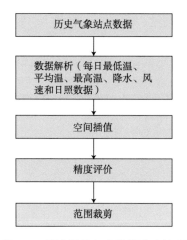

图 3.8　历史日值气象数据生产流程

3.1.2.2　气象实况数据产品

　　气象实况数据产品分为小时和日值 2 类数据产品。逐小时数据产品包括温度、湿度、风速、降水 4 种类型栅格数据。气象实况数据产品数据源是每 5 min 1 条的气象观测数据，其数据处理流程如图 3.9 所示。

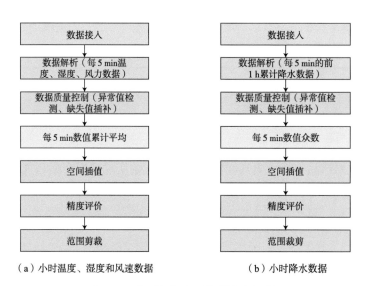

（a）小时温度、湿度和风速数据　　　　（b）小时降水数据

图 3.9　小时气象实况数据生产流程

　　气象实况日值数据产品是从小时实况气象数据中计算得到的，包括日最高

温、最低温、平均温、平均风速、累计降水数据，气象实况日值数据生产流程
如图 3.10 所示。

图 3.10　气象实况日值数据生产流程

3.1.2.3　气象预报数据产品

气象预报数据是定时接入的数据。气象预报数据每次接入 4 天的预报数据，
每天接收 3 次，分别是 8 时、12 时和 20 时。根据需要，生产日最低温、最高温、
风速、降水分布栅格数据，其中降水分布栅格数据是从天气现象通过一定的规
则转化而来。气象预报数据产品生产流程图如图 3.11 所示。

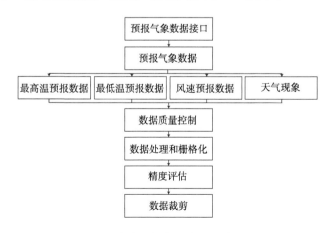

图 3.11　气象预报数据产品生产流程图

3.1.3　数据产品

3.1.3.1　历史气候空间栅格数据集（以 2010 年 7 月 1 日为例）

历史气候空间栅格数据集有平均温、最高温、最低温、降水量等，图 3.12 至图 3.18 是三大粮食主产区相关数据产品。

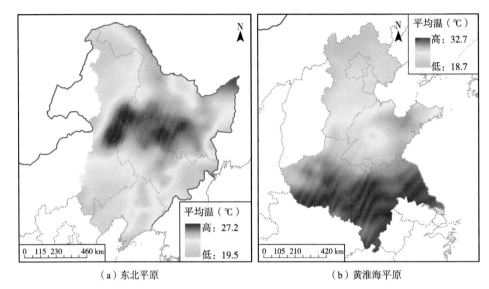

（a）东北平原　　　　　　　　　　（b）黄淮海平原

图 3.12　平均温

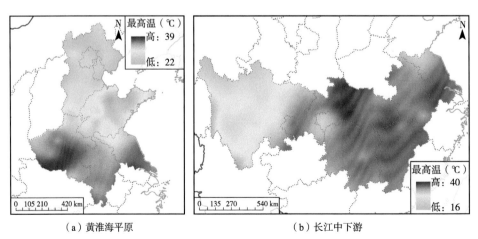

（a）黄淮海平原　　　　　　　　　　（b）长江中下游

图 3.13　最高温

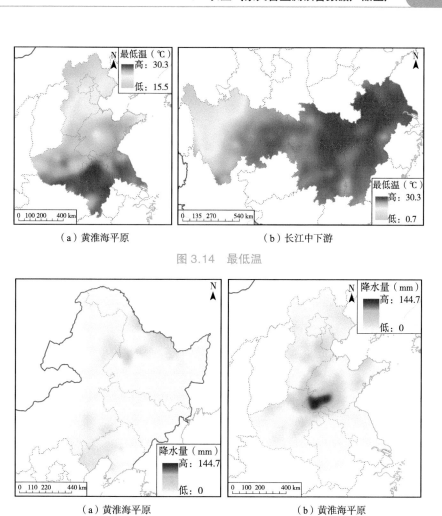

（a）黄淮海平原　　　　　　　　（b）长江中下游

图 3.14　最低温

（a）黄淮海平原　　　　　　　　（b）黄淮海平原

图 3.15　降水量

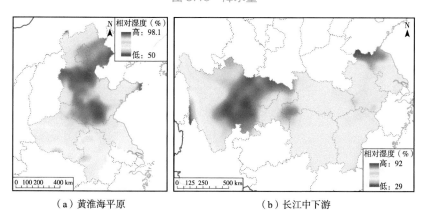

（a）黄淮海平原　　　　　　　　（b）长江中下游

图 3.16　相对湿度

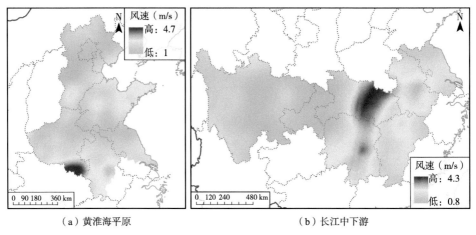

（a）黄淮海平原　　　　　　　　　　（b）长江中下游

图 3.17　平均风速

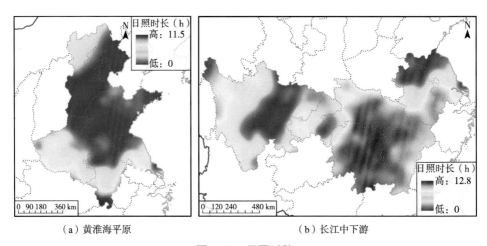

（a）黄淮海平原　　　　　　　　　　（b）长江中下游

图 3.18　日照时数

3.1.3.2　气象实况数据

气象实况数据集有平均温、最高温、最低温、平均风速、日降水量，图 3.19
至图 3.23 是黄淮海和东北平原相关数据产品。

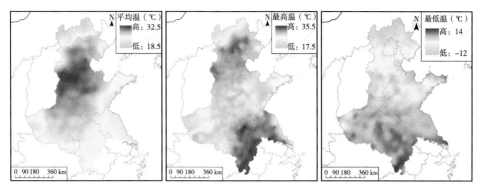

图 3.19　2019 年 6 月
24 日黄淮海平原日
平均气温分布图

图 3.20　2019 年 6 月
28 日黄淮海平原日
最高气温分布图

图 3.21　2018 年 10 月
31 日黄淮海平原日
最低气温分布图

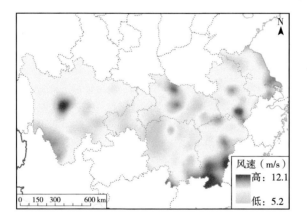

图 3.22　2019 年 12 月 2 日长江中下游平原平均风速分布图

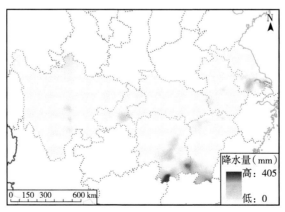

图 3.23　2019 年 8 月 25 日长江中下游平原日降水量分布图

3.1.3.3 小时气象观测空间栅格数据集

小时气象观测空间栅格数据集有气温、湿度、风速，图 3.24 至图 3.26 是黄淮海平原相关数据产品。

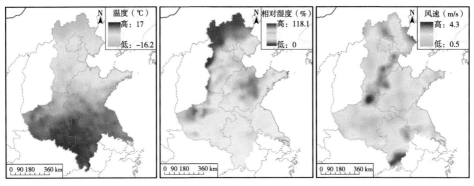

图 3.24　2020 年 2 月 4 日 14 时黄淮海平原气温分布图

图 3.25　2020 年 3 月 29 日 11 时黄淮海平原湿度分布图

图 3.26　2020 年 4 月 30 日 14 时黄淮海平原风速分布图

3.1.3.4 天气预报资料空间栅格数据集（以 2020 年 1 月 3 日气象数据预测为例）

天气预报资料空间栅格数据集有最低温、最高温、预报风速、预报降水，图 3.27 至图 3.30 是东北平原相关数据产品。

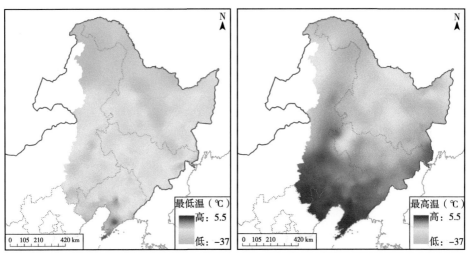

图 3.27　东北平原预报最低温　　　　图 3.28　东北平原预报最高温

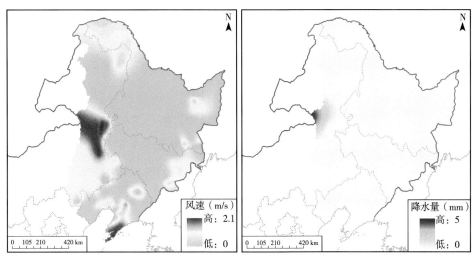

图 3.29 东北平原预报风速　　　　图 3.30 东北平原预报降水

3.2 遥感数据产品

灾害监测预警模型需要逐日和 8 天合成的 NDVI、EVI、LST 数据，其中逐日 NDVI、EVI 需要按时生产，其他遥感数据使用 MODIS 官方产品。逐日 NDVI 和 EVI 的计算公式如下。

（1）NDVI（归一化植被指数）计算公式

NDVI=（NIR−RED）/（NIR+RED）

NIR 为近红外波段，RED 为红光波段，分别对应 MODIS 第 2 和第 1 波段；NDVI 值的范围在 −1 和 1 之间，异常值标记为无效。

（2）EVI（增强型植被指数）计算公式

EVI=2.5 × $\left[\left(\text{NIR}-\text{RED}\right)/\left(\text{NIR}+6.0\times\text{RED}-7.3\times\text{BLUE}+1.0\right)\right]$

NIR、RED、BLUE 分别对应 MODIS 第 2、第 1 和第 3 波段。

3.2.1 数据处理方法

针对不同的遥感数据，设计不同的数据质量控制方法。具体的数据质量控制方法如下所示。

3.2.1.1　MOD09GA 质量控制说明

进行 MOD09GA 数据质量控制时，将同时满足以下 5 个条件（无云、无云阴影、无冰雪并且波段 1 和波段 2 质量最高）的像素保留，将其他不满足条件的像素赋特定值（如 -9999），后续计算中不使用。MOD09GA 第 2 层中还涉及气溶胶、卷云、邻接云等质量控制位，经试验和数据分析，如对这些条件也进行质量控制，会造成可用数据大幅减少，并且这些条件对 NDVI 计算的影响远小于云、云阴影和冰雪，因此对这些条件不做质量控制，这种设定既满足了质量控制要求，又保留了足够像素用于后续强度计算。具体规则如表 3.2 所示。

表 3.2　MOD09GA 质量控制说明

序号	数据层名称	位	取值	含义
1	第 2 层 state_1 km_1	0-1	00	无云
2		2	0	没有云的阴影
3		12	0	无冰雪
4	第 19 层 QC_500 m_1	2-5	0000	波段 1 质量最高
5		6-9	0000	波段 2 质量最高

3.2.1.2　MO/MYD13Q1 质量控制说明

对于 MO/MY13Q1 数据的质量控制，主要是基于"250 m 16 days VI Quality"对 NDVI 和 EVI 层进行质量控制，仅保留符合要求的像素，质量控制的规则如表 3.3 所示。

表 3.3　MO/MYD13Q1 质量控制说明

位	参数名称	取值	含义
0-1	VI Quality	00	植被指数生产质量好
		01	需要检查其他质量的植被指数
2-5	VI Usefulness	0000	高质量像素
		0001	较低质量像素
		0010	质量有所降低像素
		0100	质量有所降低像素

代码示例：

（QA[-2∶]=='00'）|（QA[-2∶]=='01'）|（QA[-6∶-2]=='0000'）|（QA[-6∶-2]=='0001'）|（QA[-6∶-2]=='0010'）|（QA[-6∶-2]=='0100'）

3.2.1.3　MOD11A1 质量控制说明

对 MOD11A1 进行数据质量控制主要基于 QC_Day 层对数据进行质量控制，主要遵循以下逻辑规则，符合以下任意 1 个条件均保留，并将数据乘以 0.02 转化成摄氏度单位。

（1）高质量数据（0 ~ 1 位为 00）全部选择。

（2）其他质量数据（0 ~ 1 位为 01）进行进一步筛选，选择高质量像素（2 ~ 3 位为 00），以及仅受薄卷云影像的数据（2 ~ 3 位为 01）。

（3）平均发射率误差小于 0.02（4 ~ 5 位为 00 或 01）。

（4）平均地表温度误差小于 2 K（6 ~ 7 位为 00 或 01）。

具体的数据质量控制规则如表 3.4 所示。

表 3.4　MOD11A1 质量控制说明

位	参数名称	取值	含义
0-1	Mandatory QA flags	00	质量高，不需要详细的质量检查
		01	其他质量，建议进行详细质量检查
		10	由于云的影响像素没有生产
		11	由于除云以外的其他原因没有生产
2-3	Data quality flags	00	高质量像素
		01	受薄卷云或亚像元云的影响
		10	由于缺少像素而未处理
		11	由于质量差而为处理
4-5	Emis error flags	00	平均发射率误差 ≤ 0.01
		01	平均发射率误差 ≤ 0.02
		10	平均发射率误差 ≤ 0.04
		11	平均发射率误差 > 0.04

续表

位	参数名称	取值	含义
6-7	LST error flags	00	平均地表温度误差 ≤ 1 k
		01	平均地表温度误差 ≤ 2 k
		10	平均地表温度误差 ≤ 3 k
		11	平均地表温度误差 > 3 k

3.2.1.4 MOD11A2 质量控制说明

进行 MOD11A2 数据质量控制时，保留的像素需要同时满足 2 个条件（无云、无其他因素影响），将其他不满足条件的像素赋特定值（如 –9999），后续计算中不使用。同时，需要将数据乘以 0.02 转化为摄氏度（℃）。具体的数据质量控制规则如表 3.5 所示。

表 3.5 MOD11A2 质量控制说明

位	参数名称	取值	含义
0-1	Mandatory QA flags	00	质量高，不需要额外的质量控制操作
		01	不可靠质量，需要更详细的质量测试
		10	由于云的影响像素无效
		11	由于除云其他原因像素无效
2-3	Data quality flags	00	高质量像素
		01	其他较低质量像素
		10	待决定
		11	待决定
4-5	Emis error flags	00	平均发射率误差 ≤ 0.01
		01	平均发射率误差 ≤ 0.02
		10	平均发射率误差 ≤ 0.04
		11	平均发射率误差 > 0.04

续表

位	参数名称	取值	含义
6-7	LST error flags	00	平均地表温度误差≤1 k
		01	平均地表温度误差≤2 k
		10	平均地表温度误差≤3 k
		11	平均地表温度误差＞3 k

代码示例:

（QA[-2：]=='00'）|（QA[-2：]=='01'）|（QA[-6：-2]=='0000'）|（QA[-6：-2]=='0001'）|

（QA[-6：-2]=='0010'）|（QA[-6：-2]=='0100'）

3.2.2　数据生产流程

遥感数据产品主要指每天 EVI、NDVI 数据产品的生产。这 2 项遥感数据产品都是通过地表反照率数据计算得到。遥感数据产品计算流程如图 3.31 所示。

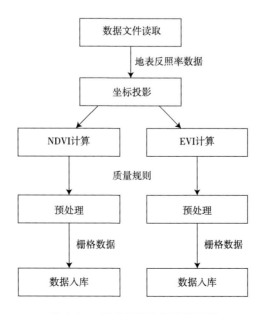

图 3.31　遥感数据产品计算流程

其他遥感数据产品，都是通过处理 MODIS 官方产品得到，处理流程如图 3.32 所示。

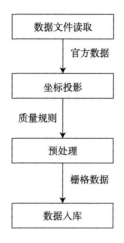

图 3.32　其他遥感数据产品生产流程

3.2.3　遥感数据产品

遥感数据产品包括逐日 NDVI、EVI、LST 和 8 天合成 NDVI、EVI、LST，图 3.33 至图 3.36 是黄淮海和东北平原相关数据产品。

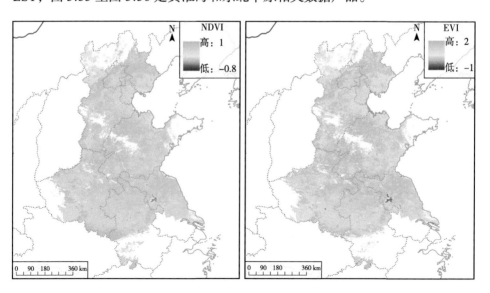

图 3.33　逐日遥感 NDVI、EVI 产品数据图（以 2020 年 5 月 19 日黄淮海平原为例）

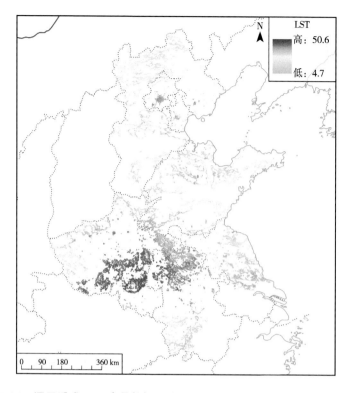

图 3.34　逐日遥感 LST 产品数据图（以 2020 年 6 月 1 日黄淮海平原为例）

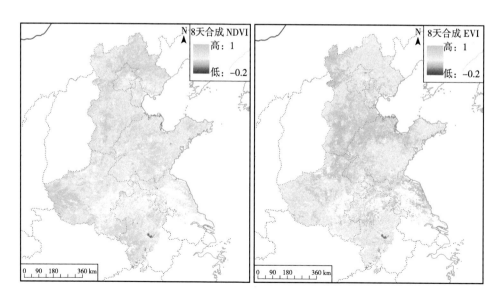

图 3.35　8 天合成遥感 NDVI、EVI 产品数据图（以 2020 年 6 月 17 日黄淮海平原为例）

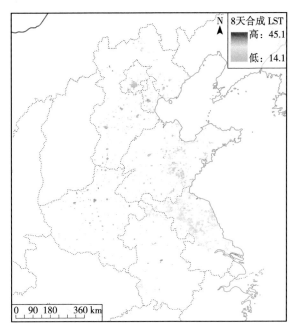

图 3.36　8 天合成遥感 LST 产品数据图（以 2020 年 4 月 30 日黄淮海平原为例）

3.3　特色数据产品

　　作物特色数据集的建设是农业气象灾害监测预警大数据库系统的重要组成部分，是保障数据库系统正常运行的基础之一。随着气候变化、作物品种更替以及耕作等设施设备的升级，通过系统收集、整理、分析相关作物数据，挖掘数据的空间分布规律，并将其以数据集的形式统一构建到农业气象灾害监测预警大数据系统中，可为灾害监测预警及研判系统进行灾害的监测预警，并为提出合理的应对措施提供数据支持。该部分数据主要包括作物生育期数据集、作物抗逆品种数据集和农业减灾保产调控技术数据集。

3.3.1　生育期数据

　　由于气候变化对粮食作物的生育期会产生明显影响，研究我国粮食主产区主要作物的生育期对于指导农业生产活动具有极为重要的理论和实践意义，可为农业气象灾害监测预警系统启动不同监测模式提供数据参考，提高农业生产力，达到防灾减灾、趋利避害的目的。

　　在气候资源图集数据的基础上，通过资料查询和专家建议，对三大粮食主产区的小麦、玉米和水稻的生育期进行划分并构建数据集，具体划分如下。

黄淮海冬小麦生育期分为播种期、出苗期、分蘖期、越冬期、返青期、拔节期、孕穗期、抽穗期、开花期、籽粒形成期、灌浆期和成熟期。但是在黄淮海的南部，冬小麦没有明显的越冬期和返青期。

黄淮海夏玉米生育期分为播种期、出苗期、拔节期、小喇叭口期、大喇叭口期、抽雄期、开花期、吐丝期、灌浆期和成熟期。

东北水稻生育期划分为播种期、移栽期、返青期、分蘖期、拔节期、孕穗期、抽穗期、开花期、灌浆期和成熟期。

东北春玉米生育期划分为播种期、出苗期、拔节期、小喇叭口期、大喇叭口期、抽雄期、开花期、吐丝期、灌浆期和成熟期。

长江中下游双季早稻和晚稻生育期均划分为播种期、移栽期、返青期、分蘖期、穗分化期、孕穗期、抽穗期、开花期、灌浆期和成熟期。

在生育期数据集的构建中，由于种植制度不同，各地茬口繁多，主要考虑正茬作物，如东北地区水稻为春播一季稻、春玉米不包括套种玉米，长江中下游地区的早稻和晚稻只考虑双季早稻、双季晚稻，黄淮海地区的夏玉米主要是冬小麦收获后的接茬玉米。数据来源主要有 3 个部分，其一，国家气候资源图集数据，该数据提供的生育期站点分布较为均匀，但是每种作物仅有 4 ~ 5 个生育时期的数据，而且该数据反映的是站点多年平均总体状况；其二，黄淮海地区（河北、河南、山东）农业气象站观测的小麦玉米生育期数据，农业气象站数据的时间序列为 1992—2012 年，该数据记录的作物生育时期较气候资源图集数据丰富，但是仍然不能满足所有生育时期，而且该数据不同站点的不同年份，均有不同程度的数据缺失；其三，定位观测站点数据，这些站点数据在时间和空间分布上均比较随机。

在黄淮海地区，以气候资源图集数据为基础，采用农业气象站数据为参考，验证图集数据的可用性。以冬小麦为例，在河北、山东、河南，有 26 个共同站点，对比分析图集数据与田间试验站数据，由图 3.37 可知，农业气象站数据在同一生育时期不同年份相差较大，但图集数据提供的生育时期数据均落在田间试验站数据的箱型图内，判定图集数据可接受。对于图集数据中尚缺乏的生育时期，参考田间试验站数据的生育期进程比例，等比例计算对应的生育时间，获得逐生育时期的数据；对于黄淮海平原其他站点，采用最近距离法，确定对应的生育时期比例，计算获得各个生育时期数据。黄淮海夏玉米生育时期的处理计算方法与冬小麦类似；东北春玉米水稻，长江中下游地区早稻和晚稻，主要根据专家意见和试验站点数据，确定每个生育时期的进程比例，获得各个生育时期数据。最后，将获得的三大粮食主产区全生育期数据进行插值，得到小麦、玉米、水稻三大作物的每个生育时期的空间分布，并计算获得三大粮食主产区三大作物在空间上逐日所处的生育时期数据。

在黄淮海冬小麦生育期数据集中共有 107 个站点的数据入库，黄淮海夏玉米有 111 个站点的数据入库，东北春玉米有 152 个站点数据入库，东北一季稻有 104 个站点数据入库，长江中下游双季早稻和晚稻均有 128 个站点数据入库（图 3.37 至图 3.41）。

由图 3.37 可知，冬小麦的各个生育时期呈现出明显的地带性，播种期呈现北部早播、南部相对晚播、而南部相对北部更早收获的情况，南部明显较北部更早进入拔节期和开花期。

东北春玉米生育期跨度为 135 ~ 150 天，空间上呈现南部早播早收、北部晚播晚收的情景。其中，在吉林地区，生育期时间相对较长，为 145 ~ 150 天。这不仅与地区的气温有关，同时也与作物品种密切相关。

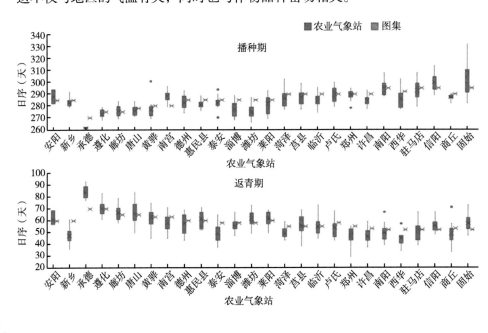

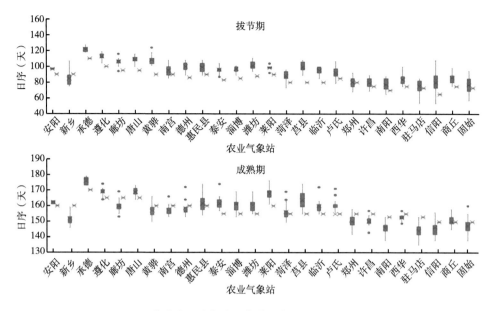

图 3.37　黄淮海图集与农业气象站冬小麦生育期数据对比

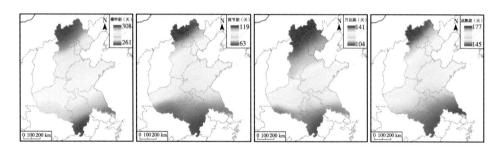

图 3.38　黄淮海夏玉米生育期空间分布

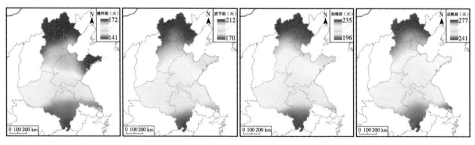

图 3.39　黄淮海冬小麦生育期空间分布

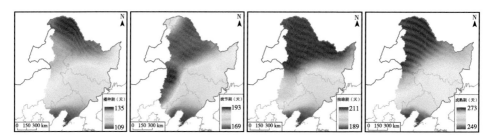

图 3.40 东北地区春玉米生育期空间分布

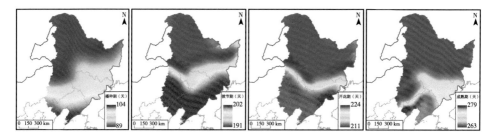

图 3.41 东北地区水稻生育期空间分布

在东北地区，水稻生育期呈现北部早播早收、南部晚播晚收的情景，生育时期为 170 ~ 180 天。总体而言，北部黑龙江省水稻生育期跨度较南部稍短，并且空间差异较小。

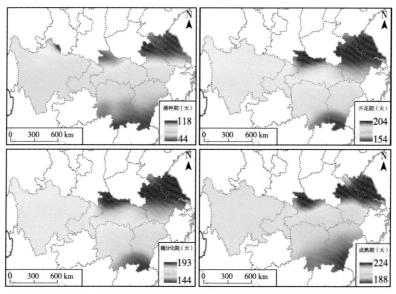

图 3.42 长江中下游地区早稻生育期空间分布

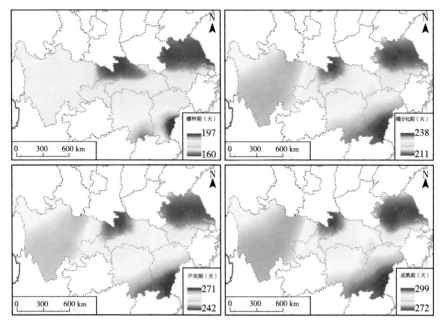

图 3.43　长江中下游地区晚稻生育期空间分布

在长江中下游及四川地区，水稻的播种时间较为灵活，总体而言，当温度满足水稻生长即可播种，但是种植双季早稻时需要考虑晚稻是否能够成熟。从空间分布可知，在不同的生育时期，南部均明显早于北部，四川地区与同纬度的长江中下游东部地区相似。而晚稻的生育期均为北部早于南部，生育期跨度为 100 ～ 125 天，其中四川地区的生育期相对较长，大于 115 天。

3.3.2　品种抗逆性数据

作物的不同品种对农业气象灾害表现出不同的抗性，构建抗逆品种数据集可为不同地区的品种选择及应对灾害风险提供参考。通过野外调研、历史资料查询、电话调查以及对最新研究试验数据收集、整理、汇编，以不同灾害为分类依据，构建东北、华北及长江中下游地区的水稻、玉米及小麦的作物品种抗逆数据库，共形成 13 个子数据集。数据集具有统一的数据格式，设计表格分别见表 3.6 和表 3.7。其中表 3.6 表示作物品种的抗性信息，表 3.7 相当于表 3.6 的索引表，是对作物抗逆品种特性数据的解释。制定作物抗逆指标的明确标准，有利于明确数据使用的适用性。

表 3.6 作物品种抗逆数据库信息表

作物	品种名称	审定编号	报审单位	审定时间	灾害类型	生育时期	等级	等级代码	鉴定单位	鉴定时间	推广地区	出处

表 3.7 作物品种抗逆数据库附件索引表

灾害等级	等级代码	筛选条件	灾害发生的植株症状	减产率下限	减产率上限

3.3.2.1 黄淮海地区冬小麦耐低温冷害品种特性库

冬小麦的抗低温冷害品种数据收集，主要针对孕穗期，共收集主要抗逆品种 34 个，表 3.8 为不同作物品种的抗逆特性、等级。基于灾害指标，根据不同等级灾害发生时的作物特征、产量损失，计算获得作物的抗逆系数，体现在表 3.8 的抗性指标中。可以根据不同品种的抗逆特性和适用地区，进行品种的合理选择及推广。

表 3.8 淮海地区冬小麦低温冷害抗性指标

灾害等级	等级代码	筛选条件	低温冻害的植株症状	减产率下限	减产率上限
耐寒型	1	指供试品种在遭遇持续 3 天的低温夜间低温 3.4 ~ 4.4 ℃	植株叶片叶尖少部分轻微受冻，小穗发育基本正常，部分受冻部位可恢复生长，穗数、穗粒数基本稳定	0	5
中间型	2		植株叶片的 3/4 出现褪绿，数日后叶尖干枯发白，主茎、大分蘖穗部退化达 1/5	5.1	30
敏感型	3	指供试品种在遭遇持续 3 天的低温夜间低温 3.4 ~ 4.4 ℃	植株叶片尤其是老叶片失绿严重，出现白色斑痕，可达叶片 1/2，旗叶发育受阻，主茎、大分蘖小穗退化至 1/2，出现死穗、空穗，穗数、穗粒数均明显下降，产量严重降低	30.1	50

3.3.2.2　黄淮海地区小麦耐干旱品种特性库

黄淮海地区小麦耐旱品种的筛选，是以邯4589为对照种，以《小麦抗旱性鉴定评价技术规范》（GB/T 21127—2007）为干旱指标依据，用籽粒产量来判定冬小麦的抗旱性，抗旱性指标见表3.9，目前共收集31个冬小麦品种的全生育期抗旱性。

表3.9　黄淮海地区冬小麦抗干旱指标

灾害等级	等级代码	筛选条件	抗旱指数下限	抗旱指数上限
极耐旱型	1	胁迫处理：麦收后至下次小麦播种前，通过移动旱棚控制试验地接纳自然降水量，使0～150 cm土壤的储水量在150 mm左右；如果自然降水不足，要进行灌溉补水。播种前表土墒情应保证出苗，表墒不足时，要适量灌水。播种后试验地不再接纳自然降水	1.3	—
耐旱型	2		1.1	1.29
中间型	3		0.9	1.09
不耐旱型	4		0.7	0.89
极不耐旱型	5	对照处理：在旱棚外邻近的试验地设置对照试验。试验地的土壤养分含量、土壤质地和土层厚度等应与旱棚的基本一致。田间水分管理要保证小麦全生育期处于水分适宜状况，播种前表土墒情应保证出苗，表墒不足时要适量灌水，另外，分别在拔节期、抽穗期、灌浆期灌水，使0～50 cm土层水分达到田间持水量的80 %±5 %	—	0.69

3.3.2.3　黄淮海冬小麦抗干热风

黄淮海地区冬小麦干热风抗性的筛选指标是以抗干热风指数（DWRI）为鉴定指标，对参试品种进行鉴定。在人工模拟干热风环境下，以产量来评价品种抗性，抗性指标见表3.10。目前共筛选出20个小麦品种的干热风特性。其中，抗干热风计算公式如下：

$$DWRI = \frac{(Y_{DHT})^3}{Y_{CKT}} \times \frac{Y_{CK}}{(Y_{DH})^3}$$

式中，Y_{DHT}——参试品种干热风处理产量；Y_{CKT}——参试品种对照处理产量，Y_{CK}——对照种对照处理产量；Y_{DH}——对照种干热风处理产量。

表 3.10　黄淮海地区冬小麦抗干热风指标

灾害等级	等级代码	筛选条件	抗干热风指数下限	抗干热风指数上限
强耐干热风型	1		1.2	—
耐干热风型	2	从灌浆中期开始进	1.0	1.199 0
中间型	3	行热棚模拟干热风	0.8	0.999 0
不耐干热风型	4	胁迫	0.6	0.799 9
极不耐干热风型	5		—	0.599 9

3.3.2.4　黄淮海地区玉米耐干旱品种特性库

　　黄淮海地区玉米抗旱品种特性数据库的构建中，以先玉 335、郑单 958 2 个对照品种的平均亩[*]产量为对照产量，以《玉米抗旱性鉴定技术规范》（DB13/T 1282—2010）为玉米干旱标准，用籽粒产量来判定抗旱性，共鉴定出 86 个夏玉米品种的全生育期抗旱性（表 3.11）。其中，抗旱指数的计算公式如下：

$$DI=（Y_a）^2/Y_m × Y_M/（Y_A）^2$$

　　式中，DI——参试品种（系）的抗旱指数；Y_a——参试品种（系）的旱处理产量；Y_m——参试品种（系）的水处理产量；Y_M——对照品种（系）的水处理产量；Y_A——为对照品种（系）的旱处理产量。

表 3.11　黄淮海地区夏玉米抗干旱指标

灾害等级	等级代码	筛选条件	抗旱指数下限	抗旱指数上限
极耐旱型	1	胁迫处理：播种前使 0～50 cm 土层水分达到田间持水量的 80%±5%，在不同生育时期视墒情补水，保持土壤含水量为田间持水量的 55%±5%，以便保证一定产量	1.20	—
耐旱型	2		1.00	1.19
中间型	3	对照处理：在旱棚内或棚外邻近的试验地设置非干旱胁迫试验，试验地的土壤养分含量、土壤质地和土层厚度等应与干旱棚基本一致。田间水分管理要保证玉米全生育期水分适宜，播种前表土墒情应保证出苗。保持土壤含水量 ≥ 85% 田间持水量	0.80	0.99
不耐旱型	4		0.60	0.79
极不耐旱型	5		—	0.59

———————————

　　*　1 亩 ≈ 667 m^2，全书同。

3.3.2.5　黄淮海地区夏玉米耐高温品种特性库

以田间自然状态为对照，在播种后第 47 天进行高温处理，高温处理的日平均温度和日平均最高温度分别比对照温度高 3 ~ 4 ℃和 3 ~ 5 ℃。耐热系数为处理测定产量 / 对照测定产量 ×100 %，耐热系数大于 70 % 的品种为耐高温品种。耐热系数低于 35 % 的为不耐热品种。共鉴定出 25 个玉米品种开花吐丝期的耐热特性（表 3.12）。

表 3.12　黄淮海地区夏玉米耐高温指标

灾害等级	等级代码	筛选条件	耐热系数下限	耐热系数上限
耐高温型	1	以田间自然状态为对照，黄淮海地区通常在播种后 50 ~ 53 天进入吐丝期，高温处理与播种后 47 天开始进行。高温处理的日平均气温和日平均最高气温分布比对照温度高出 3 ~ 4 ℃和 3 ~ 5 ℃。耐热系数＝处理产量测定值 / 对照测定值 ×100 %	0.753	1.00
中间型	2		0.600	0.75
敏感型	3		—	0.60

3.3.2.6　东北地区玉米耐低温品种特性库

在东北玉米低温冷害的品种库构建中，主要考虑玉米种子萌发期耐低温冷害的作物品种抗性。设定不同低温处理，不同持续时间，以发芽率为判定指标，界定玉米的耐低温性，共获得 29 个玉米品种的耐低温性（表 3.13）。

表 3.13　东北地区春玉米耐低温指标　　　　　　　　　　　　　单位（%）

灾害等级	等级代码	筛选条件	发芽率下限	发芽率上限
耐低温型	1	将萌发期玉米种子浸种，进行低温胁迫处理，设置 0 ℃、2 ℃、4 ℃、6 ℃、8 ℃、10 ℃，每个温度水平分别处理 0 天、3 天、6 天、9 天、12 天、15 天，回温至 10 ℃，畸形发芽率的分析	76	—
中间型	2		55	75
不耐低温型	3		—	54

3.3.2.7 东北地区玉米耐涝渍品种特性库

在东北玉米耐涝渍品种库的构建中，对玉米苗期进行涝害和渍害处理，在水层保持 10 ~ 15 cm 情况下，淹水 8 天，分析玉米地上部和根系干重及幼苗叶片叶绿素相对含量的变化，筛选获得 21 个玉米品种的抗性。以产量减产率为抗性指标进行划分，具体见表 3.14。

表 3.14 东北地区春玉米耐涝渍指标 单位（%）

灾害等级	等级代码	筛选条件	生育时期	涝渍害植株症状	减产率下限	减产率上限
耐涝型	1	在水层保持 10 ~ 15 cm 情况下，淹水 8 天	苗期	植株高低降低，叶片浅绿，根系次发达	—	15
中间型	2			植株矮化，突尖较明显，叶片浅黄，萎蔫，根系发黑	16	35
不耐涝	3			植株高低降低，茎秆粗壮，叶片变化不明显	36	60

3.3.2.8 东北地区玉米耐干旱特性库

在东北玉米干旱的品种库构建中，主要考虑玉米苗期干旱的作物品种抗性。对玉米三叶一心期进行控水实验，并比较不同品种在干旱和灌溉条件下的产量值，筛选获得 20 个玉米品种在苗期的抗性。抗性等级以植株症状为指标进行划分，具体见表 3.15。

表 3.15 东北地区玉米耐干旱指标

灾害等级	等级代码	干旱的植株症状
强耐旱型	1	花间隔期几乎不受影响，叶片水分充足、持绿性强，植株的株高、穗位高无明显降低
耐旱型	2	花间隔期无明显变化，叶片有略微萎蔫，叶片保持绿色，植株的株高、穗位高较对照有较小程度降低
中间型	3	花间隔期较对照长 2 ~ 3 天，叶片萎蔫上卷，叶片绿色较对照变浅，株高、穗位高降低，玉米穗部有较小秃尖

灾害等级	等级代码	干旱的植株症状
不耐旱型	4	花间隔期较对照长 3 ~ 4 天,叶片上卷、边缘变黄,叶片中央部分浅绿,株高、穗位高明显降低,玉米穗有秃尖
极不耐旱型	5	花间隔期较对照长 4 天以上,叶片上卷、边缘变黄,底部叶片变黄干枯,株高严重降低,玉米穗有较长秃尖,部分穗有"老人牙"现象

3.3.2.9 东北水稻耐低温品种特性库

在东北水稻抗低温冷害的品种库构建中,主要考虑水稻孕穗期的作物品种抗性。在大田 17 ℃冷水灌溉 8 天的条件下,共获得 121 个水稻品种在孕穗期的抗性。抗性等级以水稻的空壳率为指标进行划分,具体见表 3.16。

表 3.16　东北地区水稻耐低温指标　　　　　　　　　　　单位(%)

灾害等级	等级代码	筛选条件	空壳率下限	空壳率上限
极耐冷型	1		1	10
耐冷型	2	在大田 17 ℃冷水灌溉 8 天,保持水深约 5 cm	11	20
中间型	3		21	30
不耐冷型	4	在大田 17 ℃冷水灌溉 8 天,保持水深约 5 cm	31	40
极不耐冷型	5		41	50

3.3.2.10 长江中下游地区的水稻耐高温品种特性库

在长江中下游地区的水稻抗高温品种数据库构建中,主要考虑水稻花期的抗性,筛选条件为人工气候箱连续 3 天 Tmax ≥ 38 ℃或 Tave ≥ 33 ℃时,并且每天高温持续时间≥ 5 h;以正常条件 32 ℃为对照,以结实率作为抗性指标,共获得 23 个水稻抗逆品种入库。具体指标见表 3.17。

表 3.17 长江中下游地区一季稻耐高温指标

灾害等级	等级代码	筛选条件	高温热害的植株症状	相对结实率降低下限	相对结实率降低上限
强耐热型	1		供试品种或组合在始穗至灌浆初期（即花期）非常耐热，与对照相比，高温胁迫对其结实率影响甚微，其相对结实率达 95 % 以上	0	5
耐热型	2	人工气候箱连续 3 天 Tmax ≥ 38 ℃或 Tave ≥ 33 ℃时，并且每天高温持续时间≥ 5 h；以正常条件 32 ℃为对照	供试品种或组合在花期比较耐热，与对照相比，高温胁迫对其结实率有轻微影响，其相对结实率＜ 95 %，但达到 75 % 以上	5.1	25
中间型	3		供试品种或组合在花期比较耐热，与对照相比，高温胁迫对其结实率有较大影响，其相对结实率＜ 75 %，但达到 55 % 以上	25.1	45
不耐热型	4	人工气候箱连续 3 天 Tmax ≥ 38 ℃或 Tave ≥ 33 ℃时，并且每天高温持续时间≥ 5 h；以正常条件 32 ℃为对照	供试品种或组合在花期遭遇高温胁迫后结实率大减，其相对结实率＜ 55 %，但达到 35 % 以上	45.1	65
极不耐热型	5		供试品种或组合对花期高温非常敏感，在花期遭遇高温胁迫后几近丧失结实能力，其相对结实率在 35 % 以下	65.1	100

3.3.2.11　长江中下游地区水稻耐干旱品种特性库

在长江中下游地区的水稻耐旱品种数据库构建中，主要考虑水稻抽穗开花期的抗性，筛选条件为人工气候箱不同的缺水条件（65％和80％），持续5天，以水分充足为对照，以水稻结实率作为抗性指标，共获得30个水稻抗逆品种入库。具体指标见表3.18。

表 3.18　长江中下游地区水稻耐干旱指标

灾害等级	等级代码	筛选条件	季节性干旱植株症状	相对结实率降低下限	相对结实率降低上限
强耐旱型	1		抽穗开花整齐，植株正常生长	—	5
耐旱型	2	人工设置不同的缺水条件（65％和80％），持续5天，以水分充足为对照	少数植株叶片轻度萎蔫，单抽穗开花基本正常	6	15
中间型	3		齐穗期推迟3～5天，花粉活力降低，结实率下降5％	16	30
不耐旱型	4		稻株生长受阻，花药不能开裂，无法授粉，出现包茎，结实率下降30％	31	50
极不耐旱型	5		严重包茎或抽穗，植株大面积干枯，死亡。结实率下降50％	51	—

3.3.2.12　长江中下游地区水稻耐低温品种特性库

在长江中下游地区的水稻耐低温品种数据库构建中，主要考虑早稻苗期的抗倒春寒性，以及晚稻齐穗期的抗寒露风。在早稻和晚稻抗逆品种数据库的构建中，以产量损失率为评价指标，获得21个水稻品种的抗寒性。具体指标见表3.19。

表 3.19　长江中下游地区双季稻耐低温冷害指标　　　　　　　　单位（%）

灾害等级	等级代码	筛选条件	生育时期	遭受冻害后的植株症状	减产率下限	减产率上限
耐冷型	1			叶尖萎蔫（日均温度 12 ℃以上）	—	29
中间型	2	通过设定不同播前，在作物敏感生育期遭遇不同的低温条件，筛选判断不同品种抗性	早稻秧苗期	叶片萎蔫（连续 3 天日均温度 10 ~ 12 ℃）	30	49
不耐冷型	3			叶片干枯（连续 3 天日均温度 8 ~ 10 ℃）	50	—
耐冷型	1		晚稻抽穗期	无跳籽现象，叶尖暗绿色（连续 3 天日均温度 22 ℃以上）	—	29
中间型	2			有跳籽现象，叶片暗绿色（连续 3 天日均温度 20 ~ 22 ℃）	30	49
不耐冷型	3			跳籽现象明显，叶片萎蔫（连续 3 天日均温度 18 ~ 20 ℃）	50	—

3.3.3　减灾保产技术库

　　我国粮食主产区的水稻、小麦和玉米，在生长季经常会遭遇旱、涝、低温、高温等气象灾害，粮食产量受到影响。根据灾害的发生规律、致灾危害机理与灾损评价，提出相应的防灾减灾对策与措施，并构建对应的数据集，对减灾保产具有重要的意义。以作物生育时期为主线，按照区域—作物—灾种进行分类，构建"灾前防御、灾中调控、灾后恢复"全过程、多手段、多模式的减灾保产技术数据库。在数据库中，数据项主要有生育时期、灾害时期、技术分类、技术措施、技术描述、目的、推广地区、出处等（图 3.44）。其中，生育时期指应选择应对灾害减灾保产技术的生育时期，主要为作物生育进程的关键时期；灾害时期主要分为灾前、灾中和灾后，指灾害发生的时间；技术分类主要有生物、物理和化学减灾技术，进一步细分为灾前的品种选择、种子处理、种植制度、耕作方式、水分管理、养分管理等，灾中和灾后主要有化控技术（物化产品）、水分管理、养分管理。每种减灾技术又包含着多种具体的减灾措施，例如耕作方式，可分为深耕、旋耕等，同时对应技术的应用前提和目的。此外，所有的措施都有其适用地区。适用地区共分为4级，第1级为区域级，如黄淮海地区、东北地区和长江中下游地区；第2级为省级，如河北、河南、山东等；第3级为省内区域级，如河北南部、河北北部、河北中部等；第4级为地级市，如河北邯郸、河南安阳等。

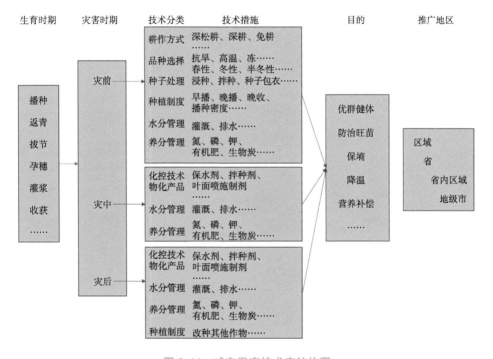

图 3.44　减灾保产技术库结构图

目前，数据库共有约200条减灾技术，后续可以不断补充和完善。表3.20为黄淮海地区冬小麦霜冻害减灾保产技术库节选。按照作物生育时间的顺序，根据灾害实际或潜在发生的可能，将各种减灾技术进行联合检索查询，可以获得应对单次灾害事件的多种技术方案，并且可以根据具体情况进行方案优选与推送。通过方案组合，可以获得作物整个生长季或者周年尺度的减灾技术体系。

表 3.20　黄淮海地区冬小麦霜冻害减灾保产技术库节选

序号	地区	作物	灾种	生育时期	灾害时期	技术分类	技术措施	技术描述	应用前提	目的	推广地区	出处
1	黄淮海	冬小麦	冷害	播种期	灾前	生物技术	冬性、半冬性抗寒优质高产品种				京津以南的地区,包括保定市、石家庄市、沧州市、衡水市、邢台市、邯郸市 6 市全部及廊坊市一部分(除北三县)	冀中南山区冬小麦低温冷害预防与补救措施
2	黄淮海	冬小麦	冷害	播种期	灾前	种子处理	浸种	矮壮素 (0.3 %) 与氯化钙 (0.2 %) 混合浸种			黄淮海地区	抗冻剂处理种子对冬小麦防寒抗冻效应的研究初报
3	黄淮海	冬小麦	冷害	播种期	灾前	养分管理	施足基肥				黄淮海地区	粮食高产高效技术模式

续表

序号	地区	作物	灾种	生育时期	灾害时期	技术分类	技术措施	技术描述	应用前提	目的	推广地区	出处
4	黄淮海	冬小麦	冷害	播种期	灾前	农技措施	镇压		播种后镇压主要针对秸秆还田的麦田和整地粗放的麦田，通过压实畦面，弥合土缝起到防风抗寒的效果	保水、保肥、保温、抗旱、抗墒、抗寒	京津以南的地区，包括保定市、石家庄市、沧州市、衡水市、邢台市及邯郸市6市全部及廊坊市一部分（除北三县）	冀中南山区冬小麦低温冷害预防与补救措施
5	黄淮海	冬小麦	冷害	分蘖期	灾前	耕作措施	机械镇压		一般在小麦三叶一心开始分蘖从而生长旺时进行	抑制分蘖提高冬季抗冻和春季抗倒春寒的能力	京津以南的地区，包括保定市、石家庄市、沧州市、衡水市、邢台市及邯郸市6市全部及廊坊市一部分（除北三县）	冀中南山区冬小麦低温冷害预防与补救措施

续表

序号	地区	作物	灾种	生育时期	灾害时期	技术分类	技术措施	技术描述	应用前提	目的	推广地区	出处
6	黄淮海	冬小麦	冷害	越冬期	灾前	水分管理	灌溉	灌溉量为40~50 m³/亩	冬前降水少；日均气温稳定在0~3℃，夜冻昼消	抗冻、保墒、安全越冬	河北中南部，山东全省，河南大部，江苏和安徽淮河以北	粮食高产高效技术模式
7	黄淮海	冬小麦	冷害	返青期	灾前	水分管理	灌溉	灌溉量为40~50 m³/亩		抗冻、保墒	黄淮海地区	
8	黄淮海	冬小麦	冷害	返青期	灾前	农技措施	顶凌镇压			提墒、增温、抑制小麦旺长，促进弱苗转壮	京津以南的地区，包括保定市、石家庄市、沧州市、衡水市、邢台市、邯郸市6市全部及廊坊市一部分（除北三县）	冀中南山区冬小麦低温冷害预防与补救措施
9	黄淮海	冬小麦	冷害	返青期	灾前	农技措施	早春镇压		晴天午后，土壤解冻时	弥实裂缝、保墒、防冻	黄淮海地区	粮食高产高效技术模式

续表

序号	地区	作物	灾种	生育时期	灾害时期	技术分类	技术措施	技术描述	应用前提	目的	推广地区	出处
10	黄淮海	冬小麦	冷害	返青期	灾前	养分管理	追施氮肥	5 ~ 10 kg/ 亩尿素			黄淮海地区	粮食高产高效技术模式
11	黄淮海	冬小麦	冷害	返青期	灾前	化学调控	植物生长延缓剂				河南地区	粮食高产高效技术模式
12	黄淮海	冬小麦	冷害	返青期	灾前	化学调控	植物生长调节剂	爱多收、碧护等植物生长调节剂配合0.2 % 尿素溶液+0.2 % ~ 0.3 % 磷酸二氢钾溶液，进行叶面喷施		有效促进小麦生长发育，提高抗寒能力	京津以南的地区，包括保定市、石家庄市、沧州市、衡水市、邢台市及邯郸市6市全部及廊坊市一部分（除北三县）	冀中南山区冬小麦低温冷害预防与补救措施
13	黄淮海	冬小麦	冷害	拔节期	灾后	灌溉	拔节水	及时灌溉	发现茎蘖受冻死亡		黄淮海地区	粮食高产高效技术模式

续表

序号	地区	作物	灾种	生育时期	灾害时期	技术分类	技术措施	技术描述	应用前提	目的	推广地区	出处
14	黄淮海	冬小麦	冷害	拔节期	灾后	施肥	追施氮肥	追施尿素5～10 kg/亩	发现茎蘖受冻死亡		黄淮海地区	粮食高产高效技术模式
15	黄淮海	冬小麦	冷害	拔节期	灾后	化学调控	喷施叶面肥	小麦受冻后，要迅速喷施0.2%尿素溶液+0.2%～0.3%的磷酸二氢钾溶液	发现茎蘖受冻死亡		黄淮海地区	粮食高产高效技术模式，冀中南山区冬小麦低温冷害预防与补救措施

4 农业气象灾害监测预警大数据管理系统

4.1 大数据管理系统功能需求

随着气象事业的快速发展，气象数据量与日俱增。目前，中国气象局所保存的数据总量已经超过 5 PB，且每年新增数据量接近 1 PB，这些数据包含了地面观测、卫星、雷达和数据预报产品等几大类。以这些气象数据为主，构成了气象部门的大数据，即"气象大数据"。传统的数理统计方法已经很难有效地对农业气象灾害数据进行分析处理，所以如何高效地挖掘农业气象灾害数据信息以促进农业现代化的跨越式发展，是气象领域一直在探讨的问题。

大数据处理技术能够从复杂、庞大的数据中获取有价值的农业气象灾害预警评估信息，其优势主要体现在以下 3 个方面。

其一，农业气象灾害的等级与农作物的受损程度存在着对应关系，灾害等级越高，作物受损越严重，通过分析气象大数据，能够实现气象要素信息与农业生产信息的转化。

其二，未经处理的农业气象灾害数据量大并且含有干扰数据，通过集成、筛选等预处理方法，可以简化大规模农业气象灾害数据，降低数据分析处理的复杂度，提高农业气象灾害评估的准确性。

其三，农业气象灾害数据蕴含着巨大价值，通过建立高效的数据监测、预警模型，能够对未来可能发生的农业气象灾害进行预警，减少损失。

为了充分发挥云计算在分布式部署、大规模的集群运行时高性能和高可用性的特点，系统需要采用大数据存储技术来提升数据访问效率。

以数据存储为例，气象数据量的持续快速增长会对系统存储和性能带来极

大压力，应对这种挑战并非传统的部署方式不足以应对，而 NoSQL 数据库技术和大数据处理技术则适合解决这类问题。

考虑到气象数据高频和海量的特点，不宜采用气象数据"关系型数据库 + 文件目录"的数据存储方式，而采用"关系型数据库 +NoSQL 数据库"的新型存储方式，可提高海量数据管理能力、访问效率和数据安全性。

4.1.1　数据需求分析

农业气象灾害预警大数据库需要为农业气象灾害分析和预警所需的各类数据提供存储能力和访问能力，具体内容包括业务直接相关的数据，如历史气象、历史灾害、基础地理、遥感、作物和农业生产相关数据，也包括支持数据管理和访问所需的各类数据，如元数据、用户安全数据。数据可划分为实时气象数据、历史气象数据、农业气象灾害数据、农气田间监测数据、作物生育期数据、作物品种特性数据、农业生产数据、减灾保产调控技术库、农业气象服务产品数据、基础地理数据、遥感影像数据、农业专题数据共 12 大类，下面分别叙述。

4.1.1.1　实时气象数据

4.1.1.1.1　气象观测数据

实时气象观测数据所需的日值气象数据资料，包括 700 多个站点逐日气象观测数据，包括降水、风、气温、气压、湿度、能见度、露点温度和水汽压、日照时数等。

4.1.1.1.2　气象预报数据

气象预报数据包括 7 天城镇预报、7 天站点预报、模式预报（欧洲模式预报、日本模式预报、中国模式预报）、气象预警信息等。

4.1.1.2　历史气象数据

1981—2010 年 30 年气候资料统计整编工作是气象部门非常重要的基础资料之一。30 年气候资料能够反映气候状况的基本特征。气候资料基本整编统计分为气压、气温、空气湿度、云、降水、天气现象、能见度、蒸发、积雪、风、地温、冻土、日照等十几大类共 40 多个项目。

4.1.1.3　农业气象灾害数据

农业气象灾害统计和归档数据：农业气象灾害数据、灾害性天气数据，临时性灾害调查相关数据。

农业气象灾害调查数据：固定和非固定灾害调查相关的数据。

4.1.1.4　农业气象田间观测数据

4.1.1.4.1　农田小气候站观测数据

采用农业小气候自动观测站设备实现对风速、风向、降水量、空气温度、空气湿度、光照强度、土壤温度、土壤湿度、蒸发量、大气压力等气象要素和农业土壤要素进行全天候的连续监测。设备通过无线网络连接因特网，实时将数据传输到数收集服务器，自动入库。

4.1.1.4.2　实景视频数据

采用农田实景智能观测设备，通过多角度拍摄方式记录作物生长影像及相关数据，设备通过无线网络连接因特网，实时传回图像到数据收集服务器，自动入库。

4.1.1.5　作物种植数据

包括作物品种、种植方式、种植区域、面积、产量、产值、生育期、农艺性状等。

4.1.1.6　作物产量数据

提供历年水稻、玉米、小麦的作物产量信息，便于农用天气预报指标分析决策。

4.1.1.7　农业生产数据

各种农业生产数据，包括三大粮食作物的农事生产记录等。

4.1.1.8　减灾保产技术库

减灾保产技术库包括干旱、干热风、霜冻害、高温热害、低温冷害和渍涝灾害应对措施、农耕技术、化学调控配方等。

4.1.1.9　指标模型库

提供针对水稻、玉米、小麦的农业气象指标库管理功能，在建立指标的基础上，建立农业气象指标库与诊断评价模型库，包含数学统计模型库和机理性评价模型，着重发展机理性评价模型，便于分析决策。

4.1.1.10　农业气象服务产品数据

具体服务产品包括作物产量预报、农事活动天气预报、高影响天气预警、农业气象周报、农业气象旬报、农业气象月报、农事气象专题服务、作物生长适宜性评价、农业气象分析评价、农业气象灾情预报、农业气象灾害评估、数据产品统计分析报表。

4.1.1.11　地理空间数据

基础地理数据是各类农业气象数据显示的空间定位和参考的依据，包括矢量地图、影像图、地形图。基础地理数据通常按照不同的要素内容进行分层，每种地图要素都具有基本的空间范围、坐标系统、比例尺大小、更新时间等基本属性。

13个粮食主产区的 1 ：25 万基础矢量数据、地名数据、专题矢量数据（边界、河流、湖泊、道路等）、DEM 数据等。

4.1.1.12　农业专题数据

专题地理数据包括农户分布数据、农田边界数据、气象站等农业气象专题数据的空间分布和基本属性信息。

4.1.1.13　遥感数据

遥感监测产品包括地表温度、NDVI、EVI 等。

4.1.2　数据管理功能需求分析

按照农业气象灾害大数据标准分类与存储规范，利用标准 Web Service 接口对接农业气象灾害预警大数据库，面向数据库提供各类数据输入与输出功能；面向农业气象灾害预警评估系统提供各类模型支撑、业务功能、信息服务等各类信息数据服务，支撑农业气象灾害监测、预警、评估体系正常业务化运转，保证系统数据、业务数据等安全稳定。

4.1.2.1　数据采集需求

需要不断地收集、处理数据和产品，并以统一的规格存入数据库或文件区，从而为整个农业灾害监测、预警、评估系统提供统一的数据支撑。

能够实现基础地理数据、多源遥感数据和田间监测等数据的数据库导入，能够实现产品数据的在线入库和分类管理，以及各类气象数据的实时接入。

农业信息采集管理子系统一方面要实现接口对接，自动采集数据并进行必要的提取、转换及入库；或自动化定时根据设定的规则将内网数据库中的特定数据同步到外网或导出到指定的位置。另一方面要实现各类农业基础数据的持续采集处理，包括对样方、物联网设备集中采集，对农业生产过程管理信息的采集处理，对采样点物联网数据的接入处理，完善作物、品种、生育期信息，完善各级行政单位基础信息和地理信息。

4.1.2.2　数据存储需求

系统涉及数据种类众多，按用途分类：基础地理信息数据（矢量、栅格影像、DEM）；气象数据（气象观测站观测、预报数据，气象格点实况、预报数据，雷达云图等）；农业数据（农业区划、农业产品、农业指标等）。按数据存储类型分类：地理空间矢量数据（气象站点、农业区划等）；栅格数据（气象格点、雷达、卫星遥感等）；属性表格数据（农业指标、用户信息）；文件数据（视频、影像、农业气象产品等）。

这些数据比较显著的特点是：一次保存，多次读取；种类丰富，数据量大；检索要求快速。

系统要对这些数据提供高效、安全的存储方案。针对不同类型的数据，提供不同的存储方案。

为整个数据库系统提供数据持久化存储的能力，需要同时提供结构化数据的存储能力及非结构化数据的存储能力，前者采用关系型数据库存储，后者采用 NoSQL 数据库存储。

无论采用哪种存储方式，数据存储系统的环境搭建工作都必须由系统实施工程师、数据专家根据数据存储设计方案搭建实施，因此无须为最终用户提供软件进行存储系统搭建。但是，为了配合数据可扩展性方面应用的需要，系统有必要为数据管理员提供简单易用的数据库结构维护管理模块，方便数据管理员必要时在数据库中新增数据表，或对已有的数据表进行维护。

对于文件数据的存储，对文件和目录的全部管理都通过文件存取接口进行操作，因此数据管理员无须对文件目录进行管理和维护。

4.1.2.3 数据管理需求

能够实现数据日常维护功能，包括元数据管理、数据内容编辑等。能够实现数据的备份、恢复、用户管理、安全管理等。

4.1.2.4 数据服务需求

数据服务接口是统一的 **API**，对业务工作提供数据上传、下载、查询、统计、维护的功能。业务工作人员可以根据自己的业务需要，通过农业气象大数据平台，查询统计基础农业气象数据、地理信息数据，并可以管理不同用户的数据使用权限，上传和下载文件，为农业气象服务提供统一的基础数据支撑。

4.2 大数据管理系统设计

4.2.1 功能概述

按照农业气象灾害大数据标准分类与存储规范，利用标准 Web Service 接口对接农业气象灾害预警大数据库，面向数据库提供各类数据输入与输出功能；面向农业气象灾害预警评估系统提供各类模型支撑、业务功能、信息服务等各类信息数据服务，支撑农业气象灾害监测、预警、评估体系正常业务化运转，保证系统数据、业务数据等安全稳定。

4.2.2 自动化数据采集处理模块设计

自动化数据采集处理主要用于解决系统中对各种需要在服务器后台自动定时运行、消耗较大计算资源的气象数据解析、处理、分析、入库等任务进行统一管理、调度及监控的需求，需要实时或定时运行的后台任务的集中管理和调度，并方便管理员随时查看采集处理作业执行结果。

此外，针对时序性较强的数据，例如定期遥感数据、物候期内作物生长数据等，采用定时指定地址采集整理。

通过自动化数据采集处理模块可以构建动态的数据信息自动采集功能，自动采集整合数据库系统所需的各类数据。

4.2.3 采集任务管理模块设计

采集任务管理模块用于对数据采集定时作业任务进行管理和监控，可以实时监控作业任务的执行状态，也可以暂停或删除不再需要执行的作业，或查询浏览作业的日志信息。

实现接口对接，自动采集物联网设备以及外网数据库中的数据内容，对数据进行必要的提取、转换及入库；自动化定时，根据设定的规则将内网数据库中的特定数据同步到外网或导出到指定的位置。

自动化采集同步模块包括数据采集任务管理、任务运行、任务监控功能。

4.2.3.1 数据采集任务管理功能设计

自动化数据采集同步模块实现接口对接，自动采集物联网设备以及外网数据库中的数据内容，对数据进行必要的提取、转换及入库。该模块能够实现数据采集任务管理功能。

4.2.3.2 数据采集任务运行功能设计

能够实现自动化数据采集任务运行功能。自动化数据采集模块对数据进行自动采集并入库；自动化定时，根据设定的规则将内网数据库中的特定数据同步到外网或导出到指定的位置。

4.2.3.3 监控任务状态功能设计

采集任务管理模块对数据收发定时作业任务进行管理和监控，可以实时监控作业任务的执行状态。

4.2.3.4 暂停作业任务功能设计

采集任务管理模块对数据收发定时作业任务进行管理和监控，能够定位到某条不需要执行的任务，进行暂停作业任务操作。

4.2.3.5　删除作业任务功能设计

在收发任务管理模块中，定位到某条不需要的作业任务，进行删除操作。

4.2.3.6　查询浏览作业日志功能设计

收发任务管理模块用于对数据收发定时作业任务进行管理和监控，能够查询浏览作业的日志信息。

4.2.4　定时作业维护模块设计

定时作业维护模块用于对数据收发、定时作业任务进行管理和监控，可以实时监控作业任务的执行状态，也可以暂停或删除不再需要执行的作业，或查询浏览作业的日志信息。

4.2.4.1　实时作业列表

显示实时作业列表和作业信息，包括作业名称、作业分组、当前状态、上次触发时间、下次触发时间、上次执行结果等信息。能够查询作业日志详情，对作业进行暂停和删除等工作。

4.2.4.2　历史补录日志

显示历史补录日志列表和 Job 信息，包括 Job 名称、开始时间、结束时间、详情等信息。可以根据日志种类、任务名称、状态和起始时间对日志进行查询，查询日志详情。

4.2.5　数据管理模块设计

能够实现数据日常管理功能，包括数据查询浏览、数据内容编辑等。

4.2.5.1　大数据资源目录功能设计

提供用户快速按照数据分类的模式进行综合数据目录查询与数据获取。

一级目录将数据分为 13 类，分别是实时气象数据、历史气象数据、农业气象灾害数据、农气田间监测数据、作物生育期数据、作物品种特性数据、农业生产数据、减灾保产调控技术库、农业气象服务产品数据、基础地理数据、遥感影像数据、农业专题数据以及农业气象灾害服务产品。

提供专题化、按要素组织类别数据，提供按灾种、地域进行数据归类，便于用户快速调用或进行数据成分的快速查询。

以 13 类农业气象灾害数据分类为一级目录，通过树状目录的形式按照农业气象灾害大数据分类标准进行逐级分类展示。

支持用户按照数据分类名称或数据简称进行数据目录的模糊搜索。搜索结果将在数据目录中以高亮形式进行目录条目定位，用户可点击定位条目查询所需数据。

4.2.5.2　数据管理功能设计

对涉及的所有类别的数据信息进行管理。支持数据的增加、删除、修改、查询、在线浏览等。

4.2.6　元数据管理模块设计

对平台中所有的元数据信息进行管理。主要包括集成工具对元数据进行整理与规范并提供元数据的编辑能力。

4.2.6.1　元数据规范功能设计

通过开发数据规范与清洗工具实现对各类元数据的命名、格式、属性以及关联信息进行规范与整理，实现系统内元数据的唯一性与规范性要求。

4.2.6.2　元数据浏览功能设计

元数据查询浏览功能可以面向数据管理员提供元数据库中所有元数据的分类查询和浏览。

4.2.6.3　元数据新增功能设计

元数据新增功能允许数据管理员在数据信息或系统运行过程中对各类元数据进行拓展，如作物类型、灾害影响过程相关属性等。

4.2.6.4　元数据修改功能设计

支持数据管理员对指定的元数据内容进行编辑，包括增加、删除和修改。

4.2.6.5　元数据删除功能设计

支持数据管理员将数据库中失效元数据进行删除,删除操作将设计为可逆操作,删除的条目将在备份库中进行备份。

4.2.7　数据备份模块设计

数据备份是指用户设置与数据备份功能相关的参数,包括设置需要备份的内容、管理备份资源、设置备份及自动备份的策略、手动执行备份、保存配置信息等。

由于数据采用分布式存储的方式,在入库时即采用多份副本数据同时入库的形式进行备份。在机器发生故障时,系统可用性将不受影响。

4.2.7.1　数据备份功能设计

数据备份是指存储数据的多个副本,备份方式可以分为热备和冷备。热备是指直接提供服务的备副本,或者在主副本失效时能立即提供服务的备副本;冷备是用于恢复数据的副本,一般通过 Dump 的方式生成。

数据热备按副本的分布方式可分为同构系统和异构系统。同构系统是把存储节点分成若干组,每组节点存储相同的数据,其中一个为主节点,其他为备节点;异构系统是把数据划分成很多分片,每个分片的多个副本分布在不同的存储节点,存储节点之间是异构的,即每个节点存储的数据分片集合都不相同。在同构系统中,只有主节点提供写服务,备节点只提供读服务,每个主节点的备节点数可以不一样,这样在部署上会有更大的灵活性。在异构系统中,所有节点都可以提供写服务,并且在某个节点发生故障时,会有多个节点参与故障节点的数据恢复,但这种方式需要比较多的元数据来确定各个分片的主副本所在的节点,数据同步机制也会比较复杂。相比较而言,异构系统能提供更好的写性能,但实现比较复杂,而同构系统架构更简单,部署上也更灵活。鉴于互联网大部分业务场景具有写少读多的特性,最终选择更易于实现的同构系统的设计。

系统数据备份的架构如图 4.1 所示,每个节点代表一台物理机器,所有节点按数据分布划分为多个组,每组的主备节点存储相同的数据,只有主节点能提供写服务，主节点负责把数据变更同步到所有的备节点，所有节点都能提供读服务。主节点上会分布全量的数据，所以主节点的数量决定了系统能存储的数据量，在系统容量不足时，就需要扩容主节点数量。在系统的处理能力上，如果是写能力不足，只能通过扩容主节点数来解决；而在读能力不足时，则可以通过增加备节点来提升。每个主节点拥有的备节点数量可以不一样，这在各个节点的数据热度不一样时特别有用，可以通过给比较热的节点增加更多的备节点，实现用更少的资源来提升系统的处理能力。

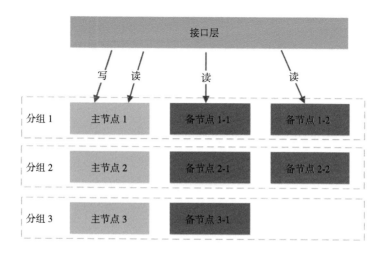

图 4.1　系统数据备份的架构

4.2.7.2　数据同步功能设计

在前文的备份架构中，每个分组只有主节点接收写请求，然后由主节点负责把数据同步到所有的备节点，如图 4.2 所示，主节点采用一对多的方式进行同步，这种方式在某个备节点故障时，不会影响其他备节点的同步。在这里主节点执行写操作后会立即回复客户端，然后再同步数据到备节点，这样并不能保证主备节点的数据一致性强，主备数据会有短暂的不一致，通过牺牲一定的一致性来保证系统的可用性。在这种机制下，客户端可能在备节点读到老数据，如果业务要求数据一致性强，则可以在读请求中设置只读主选项，这样读请求就会被接口层转发到主节点，这种情况下备节点只用于容灾，不提供服务。

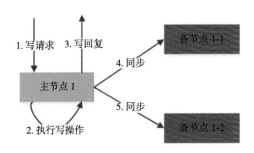

图 4.2　数据同步机制

　　为了保证主备节点的数据一致性，需要一种高效可靠的数据同步机制。同步分为增量同步和全量同步，增量同步是主节点把写请求直接转发到备节点执行，全量同步是主节点把本地的数据发到备节点进行覆盖。同步的整体流程如图 4.3 所示。

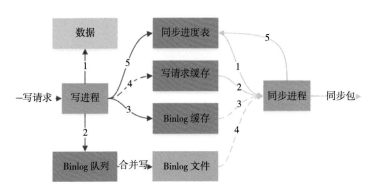

图 4.3　同步整体流程

▌4.3 大数据管理系统实现

　　农业气象灾害预警大数据管理系统以农业气象灾害大数据存储与管理技术为指引，实现农业气象灾害大数据的存、管、用三位一体的大数据支撑能力，满足农业气质灾害预警过程中各级、各类涉灾部门的业务需求。系统基于自动化任务调度技术实现农业气象灾害的监测预警信息、灾损评估、应对措施等服务产品的智能生成，为整个农业气象灾害监测、预警、评估系统提供统一的数据支撑。目前，已采集存储气象数据、遥感数据、农情数据、田间观测数据、基础地理数据、减灾保产知识、历史灾害数据、监测预警模型结果、信息服务产品 9 类数据资源，实现了气象数据、遥感数据、田间观测数据的自动化处理与产品制作，并支撑 13 种灾害模型各环节运转任务的实时调度管理（图 4.4）。

图 4.4　大数据管理系统

4.3.1　数据生产

4.3.1.1　功能概述

　　数据生产部分实现对数据采集、数据生产预处理等任务的调度管理。

　　点击上方"数据生产"标签。点击左侧"基础资料定时任务"标签，进入基础资料定时任务管理模块（图 4.5）。

图 4.5　基础资料定时任务管理

4.3.1.2 按任务组浏览

实现按不同任务类型对定时任务进行分组管理与查看。

点击"任务组"下拉窗口,选择"目标任务组",即可展示属于该任务组的任务状态(图 4.6 和图 4.7)。

图 4.6　任务组浏览(一)

图 4.7　任务组浏览(二)

4.3.1.3 添加任务组

支持增加任务分组功能,点击"添加任务组"按钮,建立新的任务组(图 4.8)。

图 4.8　添加任务组(一)

在输入框中输入任务组名称进行添加。点击"确定",完成任务组创建(图4.9)。

图4.9 添加任务组(二)

4.3.1.4 删除任务组

支持删除当前任务组功能。在任务组下拉列表中选择要删除的任务组。点击"删除任务组"按钮,删除当前任务组(图4.10)。

图4.10 删除任务组

4.3.1.5 添加任务

点击"添加任务"按钮,添加新的定时任务(图4.11)。

图4.11 添加任务

在弹出的"添加任务"信息窗口（图 4.12）中输入任务名称、选择任务所属的任务组、任务对应的 xml 模型文件（图 4.13）、选择任务执行时间（图 4.14），填写完成后点击"提交"，完成任务添加（图 4.12 至图 4.14）。

图 4.12　添加任务信息

图 4.13　模型选择

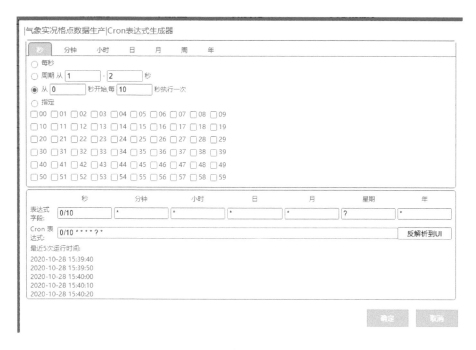

图 4.14　任务执行时间设置

4.3.1.6　移动任务

实现将目标任务移动至其他任务组的功能。在任务列表面板勾选目标任务，点击"移动任务"按钮，弹出移动任务选择窗口（图 4.15）。

图 4.15　移动任务

在弹出的移动任务选择窗口中更改"目标名称""目标任务组"，点击"确定"，完成任务移动（图 4.16）。

☑是否删除源任务

确定　取消

图 4.16　移动任务选择

4.3.1.7　删除任务

　　在任务列表面板勾选目标任务，点击"删除任务"按钮实现删除目标任务功能。在弹出的删除提示窗口中点击"确定"，完成任务删除（图 4.17）。

图 4.17　删除任务

4.3.1.8　任务调度

实现定时任务开始调度、暂停调度功能，目标任务按预设的执行时间自动执行。

在任务列表面板勾选目标任务，点击上方"开始调度"按钮，开启该任务的自动执行（图 4.18）。

图 4.18　开始调度

在任务列表面板勾选目标任务，点击上方"暂停调度"按钮，停止该任务的自动执行（图 4.19）。

图 4.19　暂停调度

4.3.2　数据管理

4.3.2.1　功能概述

系统通过构建的大数据资源目录管理各类数据，包括数据目录展示和目录管理等功能（图 4.20）。

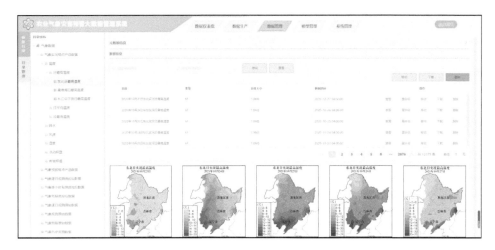

图 4.20　大数据资源目录管理

4.3.2.2　数据查询

数据查询功能，支持根据目录与时间查询数据（图 4.21）。

在左侧资源目录树中选择目标数据。

图 4.21　数据目录

在右侧时间框中输入查询的起止时间（图4.22），点击"查询"按钮，完成数据查询，查询出的结果在下方数据列表中显示（图4.23）。

图 4.22　起止时间选择

图 4.23　数据查询

4.3.2.3　元数据查看

在系统中浏览数据元数据信息（图4.24）。

图 4.24　元数据信息查看

4.3.2.4　数据详情浏览

支持在系统中浏览数据详情（图 4.25）。

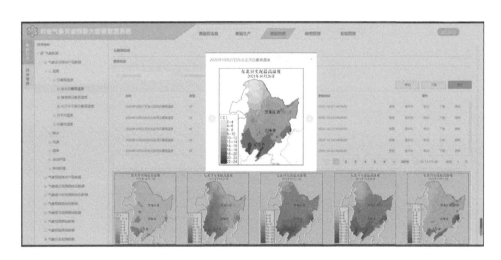

图 4.25　浏览数据详情

4.3.2.5　数据移动

实现将目标数据移动至指定资源目录下。

在数据列表中勾选目标数据，点击"移动"按钮。在弹出的"目录选择"窗口中勾选目标目录，点击"确定"完成数据移动（图4.26）。

图 4.26 移动数据

4.3.2.6 数据下载

支持下载目标数据与元数据信息。在数据列表中勾选目标数据，点击"下载"按钮进行数据下载。

4.3.2.7 数据删除

支持删除目标数据功能。在数据列表中勾选目标数据，点击"删除"按钮进行数据删除。

4.3.2.8 数据目录管理

对系统构建的大数据资源目录进行管理，实现新增、删除、编辑资源目录以及元数据信息维护（图4.27）。

图 4.27 数据目录管理

4.3.3 数据监控

通过数据仪表盘实现农业灾害预警大数据监控，包括灾害事件地图、数据量统计、基础硬件设施运行统计、各类灾害事件发生情况统计、灾害模型运行情况统计、逐时和逐日的数据采集情况、数据生产情况统计等（图 4.28）。

图 4.28 农业灾害预警大数据监控

4.3.4 系统管理

4.3.4.1 系统日志

实现对大数据管理系统的操作日志记录，包括数据编号、操作时间、操作用户、业务分类、操作描述等详细信息（图 4.29）。支持系统日志的查询、删除。

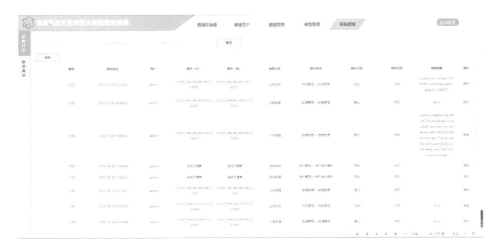

图 4.29　系统日志

4.3.4.2　数据备份

实现对各类数据的备份，支持数据备份、数据恢复、日志查看（图 4.30）。

图 4.30　数据备份

5 农业气象灾害监测预警大数据应用

▌5.1 数据服务与共享

5.1.1 功能概述

数据服务接口是统一的 API，对业务工作提供数据上传、下载、查询、统计、维护等功能。业务工作人员可以根据自己的业务需要，通过农业气象大数据平台，查询统计基础农业气象数据、地理信息数据，并可以管理不同用户的数据使用权限，上传、下载文件，为农业气象服务提供统一的基础数据支撑。

5.1.2 功能组成

数据服务子系统实现数据的接入、管理、查询和访问功能，功能接口如图5.1 所示。

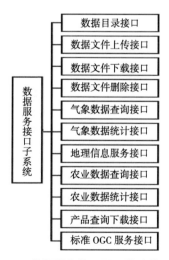

图 5.1　数据服务接口子系统功能组成

5.1.3 数据目录接口

业务人员可以调用服务接口，获取农业气象大数据平台的分类目录树信息，以及某个数据目录中的数据情况。

5.1.4 数据文件上传接口

业务人员通过接口，将自己的数据上传到目录中，提供共享或自己备份使用。数据平台会检查用户权限，完成数据上传。

5.1.5 数据文件下载接口

业务人员通过接口提供的批量或单个文件下载接口，将大数据平台保存的数据下载到本地。

5.1.6 数据文件删除接口

业务人员通过接口提供的批量或单个文件删除接口，将文件从大数据平台删除。

5.1.7 气象数据查询接口

业务人员通过气象数据查询接口，查询气象站点预报和观测数据。例如按时间检索地面数据要素，传入气象要素类型、时间、资料所在区域（气象日值资料、气象月资料、气象年资料等），接口返回查询资料。

5.1.8 气象数据统计接口

业务人员通过气象数据统计接口，统计气象站点预报和观测数据。例如按时间段、站号统计地面数据要素，传入气象站点号、时间范围、资料所在区域（气象日值资料、气象月资料、气象年资料等），统计的要素（平均气温、累计降雨等），接口返回统计结果资料。

5.1.9 地理信息服务接口

业务人员通过地理坐标，获取该位置的海拔高程、行政区域、作物信息等。

5.1.10　农业数据查询接口

业务人员通过农业数据查询接口，查询作物信息。

5.1.11　农业数据统计接口

业务人员通过农业数据统计接口，查询作物信息。

5.1.12　产品查询下载接口

业务人员通过农业数据统计接口，查询并下载业务生成的产品。

5.1.13　标准 OGC 服务接口

开放地理空间信息联盟（Open Geospatial Consortium，以下简称 OGC）是一个非营利的志愿的国际标准化组织，引领着空间地理信息标准及定位基本服务的发展。在空间数据互操作领域，基于公共接口访问模式的互操作方法是一种基本的操作方法。通过国际标准化组织（ISO/TC211）或技术联盟（如 OGC）制定空间数据互操作的接口规范，GIS 软件商开发遵循这一接口规范的空间数据的读写函数，可以实现异构空间数据库的互操作。

提供标准的 Web 矢量服务（WFS）、切片地图 Web 服务（WMTS）和栅格 Web 服务（WCS）。

5.2　监测预警模型集成与数据支持

基于一张图的农业气象灾害综合研判建立在多源信息集成下的会商判别和空天地一体化的灾害模型预测的基础之上。针对三大主产区主要粮食作物的常见气象灾害已经建立了灾害预警模型，根据业务的需要，这些模型需要定时自动化执行，模型运行的结果要在一张图中和其他信息集成呈现。同时，多源信息集成的过程中也需要构建起多源信息自动化采集和预处理的数据处理模型，这些模型也需要定时自动化执行。

集成调度技术涉及可视化模型构建、模型调度执行和模型结果集成 3 个重要的环节。可视化模型构建器提供通过拖拽各类算子来构建可运行的算法模型（即模型）的功能，模型一般以 XML 的形式进行保存，模型导入调度执行模块，就变成任务，通过任务的定时调度编排，由调度器定时调度执行。执行后模型生成结果，一般为 GeoJSON 或 GeoTIFF 格式，结果发布到指定的服务目录和服务端口然后被客户端调用。

系统对接服务的模型体系共包含粮食主产区三大粮食作物 13 种农业气象灾害、4 个灾害过程阶段的 52 个预警评估模型。采用可视化建模和自动化任务调度技术，实现业务模型向软件模型的转化、模型自动化调度运行，自动生成相应的灾前预报、灾中监测、灾情评估、灾损预估分析成果。

本书中按灾害种类进行模型支持介绍。其中，黄淮海冬小麦干旱与黄淮海夏玉米干旱、东北春玉米低温冷害与东北水稻低温冷害、长江中下游早稻低温冷害与长江中下游晚稻低温冷害的模型原理、流程一致，只是作物相关参数不同，因此，合并为同一类模型进行介绍。

5.2.1　黄淮海冬小麦霜冻害模型支持

5.2.1.1　T0——灾前预报模型

黄淮海冬小麦霜冻害一般发生在每年 3—4 月、10—11 月，采用灾前预报模型，利用气象预报、冬小麦生育期日监测数据，以冬小麦霜冻害标准为阈值，进行灾害发生前的临界点诊断分析，生成连续多日黄淮海冬小麦低温冷害预报分布图，显示灾害可能发生区域与等级分布，指导用户进行灾害预防。

5.2.1.2　T1——灾中监测模型

在霜冻害发生期间，采用灾中监测模型，利用气象预报、冬小麦生育期日监测数据，以冬小麦霜冻害标准为阈值，生成灾害持续期间每日的黄淮海冬小麦低温冷害等级分布图，显示灾害发生范围、等级及其空间分布。

5.2.1.3　T2——灾情评估模型

在霜冻害结束后、作物响应期间，采用灾情评估模型，通过 NDVI 数据分析、判断霜冻害强度，生成黄淮海冬小麦低温冷害强度分布图，显示冬小麦受灾害影响的范围、程度等，进行灾情评估。

5.2.1.4　T3——灾损预估模型

作物响应期结束后，采用灾损预估模型，综合灾害强度、作物生育期阶段、抗灾补救措施等数据，分析作物产量损失情况，生成像元尺度作物产量灾损率分布图，同时，结合行政区划、权重指数，分析省或区域、市、县作物损失，生成区域损失率统计图。

5.2.2　黄淮海冬小麦干热风模型支持

5.2.2.1　T0——灾前预报模型

灾害发生前，采用灾前预报模型，利用气象预报、冬小麦分布数据、干热风预警指标预设数据，判别干热风条件，生成连续多日黄淮海冬小麦干热风预报分布图，显示灾害可能发生区域，指导用户进行灾害预防。

5.2.2.2　T1——灾中监测模型

灾害发生期间，采用灾中监测模型，利用干热风监测、逐小时温度、相对湿度、风速、日 MODIS 产品 LST 等数据，结合干热风监测指标进行干热风判别，生成灾害持续期间每日的黄淮海冬小麦干热风等级分布图，显示灾害发生范围、等级及其空间分布。

5.2.2.3　T2——灾情评估模型

在灾害结束后、作物响应期间，采用灾情评估模型，通过干热风灾害过程分析（包括干热风持续时间及每次干热风强度）、小麦长势监测，并结合灾害前的小麦生长环境，进行小麦生长响应分析，生成黄淮海冬小麦干热风强度分布图，显示冬小麦受灾害影响的范围、程度等，进行灾情评估。

5.2.2.4　T3——灾损预估模型

作物响应期结束后，采用灾损预估模型，综合灾害强度、作物生育期阶段、抗灾补救措施等数据，分析作物产量损失情况、生成像元作物产量灾损率分布图，同时，结合行政区划、权重指数，分析省或区域、市、县作物损失，生成区域损失率统计图。

5.2.3　黄淮海冬小麦—夏玉米干旱模型支持

5.2.3.1　T0——灾前预报模型

灾害发生前，采用灾前预报模型，利用气象预报、冬小麦—夏玉米分布数据和生育期物候信息，结合干旱指标系统，判别干旱预警条件，生成连续多日黄淮海冬小麦—夏玉米干旱预报分布图，显示灾害可能发生区域，指导用户进行灾害预防。

5.2.3.2　T1——灾中监测模型

灾害发生期间，采用灾中监测模型，利用气象数据，包括相对湿度、日平均气温、日最高温度、日最低温度、日降水量数据等，结合干旱实时监测指标进行实时旱情判别，生成灾害持续期间每日的黄淮海冬小麦—夏玉米干旱等级分布图，显示灾害发生范围、等级及其空间分布。

5.2.3.3　T2——灾情评估模型

在灾害结束后、作物响应期间，采用灾情评估模型，利用冬小麦—夏玉米生育期数据、8天蒸散发数据、8天温度数据、8天植被数据，结合作物干旱监测指标，进行冬小麦—夏玉米旱情面积、旱情程度、持续时长等分析，生成黄淮海冬小麦—夏玉米干旱强度分布图，显示冬小麦受灾害影响的范围、程度等，进行灾情评估。

5.2.3.4　T3——灾损预估模型

作物响应期结束后，采用灾损预估模型，综合灾害强度、作物生育期阶段、抗灾补救措施等数据，分析作物产量损失情况，生成像元作物产量灾损率分布图，同时，结合行政区划、权重指数，分析省或区域、市、县作物损失，生成区域损失率统计图。

5.2.4　黄淮海夏玉米高温热害模型支持

5.2.4.1　T0——灾前预报模型

灾害发生前，采用灾前预报模型，利用气象预报、夏玉米生育期数据和分布数据，结合高温热害指标数据，判别高温热害条件，生成连续多日黄淮海夏玉米高温热害预报分布图，显示灾害可能发生区域，指导用户进行灾害预防。

5.2.4.2 T1——灾中监测模型

灾害发生期间，采用灾中监测模型，利用气象实时观测数据、作物生育期数据，结合高温热害指标进行高温热害判别，生成灾害持续期间每日的黄淮海夏玉米高温热害等级分布图，显示灾害发生范围、等级及其空间分布。

5.2.4.3 T2——灾情评估模型

在灾害结束后、作物响应期间，采用灾情评估模型，利用气象资料、时间序列遥感数据、环境影响要素信息、作物生长状态信息，并结合作物响应指标，进行夏玉米响应分析，生成黄淮海夏玉米高温热害强度分布图，显示夏玉米受灾害影响的范围、程度等，进行灾情评估。

5.2.4.4 T3——灾损预估模型

作物响应期结束后，采用灾损预估模型，利用作物响应信息、生育期数据、作物生长模型，分析作物产量损失情况，生成像元作物产量灾损率分布图，同时，结合行政区划、权重指数，分析省或区域、市、县作物损失，生成区域损失率统计图。

5.2.5 东北春玉米干旱模型支持

5.2.5.1 T0——灾前预报模型

灾害发生前，采用灾前预报模型，利用气象预报、玉米分布数据、玉米关键生育期信息，结合干旱预警指标预设数据，判别干旱条件，当轻旱面积＞5％或出现中度以上干旱时进行干旱预警，生成连续多日东北春玉米干旱预报分布图，显示灾害可能发生区域，指导用户进行灾害预防。

5.2.5.2 T1——灾中监测模型

灾害发生期间，采用灾中监测模型，利用逐日降水、温度、气压、风速、相对湿度、日照时数等气象数据结合干旱监测指标进行干旱持续监测，当轻旱面积＞5％或出现中度以上干旱时进行干旱预警，生成灾害持续期间每日的东北春玉米干旱等级分布图，显示灾害发生范围、等级及其空间分布。

5.2.5.3 T2——灾情评估模型

在灾害结束后、作物响应期间，采用灾情评估模型，通过 MODIS 8 天合成 LST 和 NDVI 数据，并结合作物响应干旱指标进行作物响应干旱监测、进行 8 天合成气象干旱监测，生成东北春玉米干旱强度分布图，显示春玉米受灾害影响的范围、程度等，进行灾情评估。

5.2.5.4 T3——灾损预估模型

作物响应期结束后，采用灾损预估模型，综合灾害强度、作物生育期阶段、抗灾补救措施等数据，分析作物产量损失情况，生成像元作物产量灾损率分布，同时，结合行政区划、权重指数，分析省或区域、市、县作物损失，生成区域损失率统计图。

5.2.6 东北春玉米渍涝模型支持

5.2.6.1 T0——灾前预报模型

灾害发生前，采用灾前预报模型，利用气象逐日观测和预报数据、玉米分布数据、玉米关键生育期信息，结合渍涝预警指标构建孕灾环境脆弱性评估，判别渍涝条件，判别未来 4 天任意 1 天是否会出现渍涝，生成连续多日东北春玉米渍涝预报分布图，显示灾害可能发生区域，指导用户进行灾害预防。

5.2.6.2 T1——灾中监测模型

灾害发生期间，采用灾中监测模型，利用逐日降水、温度、气压、风速、相对湿度、日照时数等气象数据，结合渍涝监测指标进行渍涝监测判别，判别是否会出现轻度及以上渍害，生成灾害持续期间每日的东北春玉米渍涝等级分布图，显示灾害发生范围、等级及其空间分布。

5.2.6.3 T2——灾情评估模型

在灾害结束后、作物响应期间，采用灾情评估模型，利用 MODIS 逐日

SR 数据、渍害强度，并结合玉米渍害评估指标，进行玉米渍害响应评估、玉米受渍害影响程度分级，生成东北春玉米渍涝强度分布图，显示春玉米受灾害影响的范围、程度等，进行灾情评估。

5.2.6.4 T3——灾损预估模型

作物响应期结束后，采用灾损预估模型，综合灾害强度、作物生育期阶段、抗灾补救措施等数据，分析作物产量损失情况，生成像元作物产量灾损率分布图，同时，结合行政区划、权重指数，分析省或区域、市、县作物损失，生成区域损失率统计图。

5.2.7 东北春玉米—水稻低温冷害模型支持

5.2.7.1 T0——灾前预报模型

灾害发生前，采用灾前预报模型，利用逐日观测和预报气象数据、作物分布数据、作物关键生育期信息，结合低温冷害预警指标构建，判别低温冷害条件、判别未来 4 天任意 1 天是否会出现低温冷害，生成连续多日东北春玉米—水稻冷害预报分布图，显示灾害可能发生区域，指导用户进行灾害预防。

5.2.7.2 T1——灾中监测模型

灾害发生期间，采用灾中监测模型，利用逐日最高气温、最低气温数据，结合低温冷害监测指标，进行低温冷害监测、判别是否出现轻度及以上低温冷害，生成灾害持续期间每日的东北春玉米—水稻低温冷害等级分布图，显示灾害发生范围、等级及其空间分布。

5.2.7.3 T2——灾情评估模型

在灾害结束后、作物响应期间，采用灾情评估模型，利用 MODIS 逐日 SR 数据、冷害强度，并结合作物低温冷害评估指标，进行作物低温冷害响应评估、作物受冷害影响程度分级，生成作物低温冷害强度分布图，显示作物受灾害影响的范围、程度等，进行灾情评估。

5.2.7.4　T3——灾损预估模型

作物响应期结束后，采用灾损预估模型，综合灾害强度、作物生育期阶段、抗灾补救措施等数据，分析作物产量损失情况，生成像元作物产量灾损率分布图，同时，结合行政区划、权重指数，分析省或区域、市、县作物损失，生成区域损失率统计图。

5.2.8　长江中下游早稻—晚稻低温冷害模型支持

5.2.8.1　T0——灾前预报模型

灾害发生前，采用灾前预报模型，利用水稻生育期数据、低温冷害监测预警模型、未来4天的天气预报数据形成未来4天的低温冷害模型监测结果时间序列，进行灾害预报分析、低温冷害动态预警，生成连续多日长江中下游早稻—晚稻低温冷害预报分布图，预测灾害可能发生范围，预计灾害开始时间，指导用户进行灾害预防。

5.2.8.2　T1——灾中监测模型

灾害发生期间，采用灾中监测模型，利用近地表气温数据，记录并更新低温冷害日时间序列，判别低温冷害结束时间，生成灾害持续期间每日的长江中下游早稻—晚稻低温冷害等级分布图，显示灾害发生范围、等级及其空间分布。

5.2.8.3　T2——灾情评估模型

在灾害结束后、作物响应期间，采用灾情评估模型，通过灾害发生范围、发生起止日期、发生实际天数，进行灾害发生强度分析，生成长江中下游早稻—晚稻低温冷害强度分布图，显示作物受灾害影响的范围、程度等，进行灾情评估。

5.2.8.4　T3——灾损预估模型

作物响应期结束后，采用灾损预估模型，综合灾害强度、作物生育期阶段、抗灾补救措施等数据，分析作物产量损失情况，生成像元作物产量灾损率分布图，同时，结合行政区划、权重指数，分析省或区域、市、县作物损失，生成区域损失率统计图。

5.2.9 长江中下游单季稻干旱模型支持

5.2.9.1 T0——灾前预报模型

灾害发生前，采用灾前预报模型，利用水稻生育期数据、单季稻旱灾监测预警模型、未来4天的数字天气预报数据（包括降水、蒸散等）、地表水分平衡模型形成未来4天的地表土壤水分指数时间序列，进行灾害预报分析、单季稻动态预警，生成连续多日长江中下游单季稻干旱预报分布图，预测灾害可能发生范围，预计灾害开始时间，指导用户进行灾害预防。

5.2.9.2 T1——灾中监测模型

灾害发生期间，采用灾中监测模型，利用最近7天的地表土壤水分数据，记录并更新干旱灾害日时间序列，判别干旱结束时间，生成灾害持续期间每日的长江中下游单季稻干旱等级分布图，显示灾害发生范围、等级及其空间分布。

5.2.9.3 T2——灾情评估模型

在灾害结束后、作物响应期间，采用灾情评估模型，通过灾害发生范围、发生起止日期、发生实际天数，进行灾害发生强度分析，生成长江中下游单季稻干旱灾害强度分布图，显示作物受灾害影响的范围、程度等，进行灾情评估。

5.2.9.4 T3——灾损预估模型

作物响应期结束后，采用灾损预估模型，综合灾害强度、作物生育期阶段、抗灾补救措施等数据，分析作物产量损失情况，生成像元作物产量灾损率分布图，同时，结合行政区划、权重指数，分析省或区域、市、县作物损失，生成区域损失率统计图。

5.2.10 长江中下游单季稻高温热害模型支持

5.2.10.1 T0——灾前预报模型

灾害发生前，采用灾前预报模型，利用气象预报、水稻生育期数据，预报日平均温、日最高温，判别高温热害条件，生成连续多日长江中下游单季稻高温热害预报分布图，显示灾害可能发生区域，指导用户进行灾害预防。

5.2.10.2   T1——灾中监测模型

灾害发生期间，采用灾中监测模型，利用气象站点数据、作物生育期数据，监测日平均温、日最高温，生成灾害持续期间每日的长江中下游单季稻高温热害等级分布图，显示灾害发生范围、等级及其空间分布。

5.2.10.3   T2——灾情评估模型

在灾害结束后、作物响应期间，采用灾情评估模型，根据高温热害发生序列空间分布图、高温过程开始及结束时间分布图，判别高温热害持续天数、高温热害强度，生成长江中下游单季稻高温热害强度分布图，显示作物受灾影响的范围、程度等，进行灾情评估。

5.2.10.4   T3——灾损预估模型

作物响应期结束后，采用灾损预估模型，综合灾害强度、作物生育期阶段、抗灾补救措施等数据，分析作物产量损失情况，生成像元作物产量灾损率分布图，同时，结合行政区划、权重指数，分析省或区域、市、县作物损失，生成区域损失率统计图。

5.3   数据挖掘应用

5.3.1   基于多源数据的黄淮海冬小麦低温冷害时空监测模型

5.3.1.1   基于长时间序列特征曲线选取低温冷害指标

将日最低气温作为黄淮海平原冬小麦种植区低温冷害发生的条件，NDVI和FPAR的长时间变化作为冬小麦生长状况的描述变量。通过分析并提取历史记载的黄淮海平原冬小麦种植区低温冷害事件中长时间序列致灾因子曲线和生长描述因子曲线的变化特征，提取对应因子曲线的特征值。通过对这些要素的特征值进行相关性分析，选取最能描述冬小麦低温冷害发生的条件因子和结果因子，为后续低温冷害回归模型的构建寻找合适的参数（表5.1）。

表 5.1　各特征值间的 Pearson 相关系数

特征值	累积低温	低温极值	低温天数	FPAR面积	FPAR降幅	FPAR下降百分比	NDVI面积	NDVI降幅	NDVI下降百分比
累积低温	1	0.608**	0.470	0.672**	0.221	0.416*	0.446*	0.503*	0.430*
低温极值	0.608**	1	0.277	0.396	0.165	0.480*	0.205	0.532**	0.411
低温天数	0.470	0.277	1	0.219	0.056	0.089	0.351	0.395	0.234
FPAR面积	0.672**	0.396	0.219		0.471*	0.639**	0.889**	0.132	0.590**
FPAR降幅	0.221	0.165	0.056	0.471*	1	0.433*	0.603**	0.811**	0.321
FPAR下降百分比	0.416*	0.480*	0.089	0.639**	0.433*	1	0.632**	0.021	0.743**
NDVI面积	0.446*	0.205	0.351	0.889**	0.603**	0.632**	1	0.421*	0.705**
NDVI降幅	0.503*	0.532**	0.395	0.132	0.811**	0.021	0.421*	1	0.159
NDVI下降百分比	0.430*	0.411	0.234	0.590**	0.321	0.743**	0.705**	0.159	1

注：** 在 0.01 级别（双尾），相关性显著；* 在 0.05 级别（双尾），相关性显著。

　　根据表 5.1 相关性分析结果，可以发现长时间序列 NDVI 和 FPAR 的曲线低值区变化情况与日最低气温变化具有极强的相关性，其中，在各个已记载的低温冷害事件中，低于各生育期日最低气温界限的极值（简称低温极值）与 NDVI 低值区下降程度（简称 NDVI 降幅）具有显著相关，低于各生育期日最低气温界限的日最低气温累积（简称累积低温）与 FPAR 低值区面积具有显著相关。低温极值越大，对冬小麦造成的低温胁迫越大，使得冬小麦的叶绿素含量下降，进而导致遥感监测到的冬小麦 NDVI 逐渐下降。累积低温是低温冷害对冬小麦生长影响的持续时间和程度的综合描述，该低温指标与 FPAR 长时间变化曲线的低值区面积呈正相关，表明冬小麦受到的累积低温越大，作物受到低温的综合影响越大，冬小麦光合速率降低程度越大，进而影响冬小麦的光合作用以及干物质的积累，不利于冬小麦籽粒成熟，容易出现空穗、哑穗。

　　综上所述，选择低温极值和累积低温作为判断冬小麦是否发生低温冷害的致灾因子，NDVI 降幅和 FPAR 面积作为冬小麦对与低温的响应因子，将条件因子和结果因子共同作为判别冬小麦是否发生低温冷害的依据，即冬小麦受到不适宜小麦生长的低温出现，并且对冬小麦的生长发育造成了影响，则判定该区域冬小麦受到低温冷害。

5.3.1.2　基于逻辑回归模型的低温冷害识别模型

选取黄淮海平原 5 个省 27 个冬小麦种植县作为样本县，其中每个省 5 ~ 6 个县，并且每个选取的县都是对应省份的冬小麦种植大县。依据 2005—2015 年的黄淮海平原冬小麦低温冷害记载事件数据、冬小麦种植分布、各县冬小麦生育期数据以及冬小麦不同生育期低温冷害标准，分析了对应事件的长时间序列日最低气温数据、NDVI 和 FPAR 数据，统计了 148 条各要素特征变量均有效的数据，其中发生低温冷害有 96 条，未发生低温冷害 52 条。利用 SPSS 对整理的数据进行二元逻辑回归分析，结果表明低温极值、累积低温、NDVI 最大降幅和 FPAR 低值区面积与冷害发生与否的显著性分别为 0.010、0.746、0.034 和 0.002。由于累积低温的 $P > 0.05$，表明该变量未通过显著性检验，影响了模型结果的真实性，所以将该变量进行剔除，并用低温极值、NDVI 最大降幅和 FPAR 低值区面积重构了逻辑回归模型，其样本预测准确率达 87.2 %，建模结果如下所示：

$$P = \frac{e^{-5.73+1.222T_{MDLMT}+7.416D_{MNDVI}+0.085S_{DFPAR}}}{1+e^{-5.73+1.222T_{MDLMT}+7.416D_{MNDVI}+0.085S_{DFPAR}}}$$

式中，T_{MDLMT}——低温极值；D_{MNDVI}——NDVI 最大降幅；S_{DFPAR}——FPAR 低值区面积；P——冬小麦低温冷害发生概率值，P 越接近 1 表明冬小麦发生低温冷害的可能性越高，并且低温对冬小麦的影响程度越高。

此外，使用卡方、Hosmer-Lemeshow 2 种检验方法对模型进行显著性检验，结果如表 5.2 和表 5.3 所示。

表 5.2　模型系数的综合检验

		卡方	自由度	显著性
步骤 1	步骤	116.624	3	0
	块	116.624	3	0
	模型	116.624	3	0

表 5.3　Hosmer-Lemeshow 检验

步骤	卡方	自由度	显著性
1	3.572	8	0.894

由表 5.2 可知，二元逻辑回归模型系数的综合检验卡方值是 116.624，P 为 $0 < 0.05$，模型达到了显著性水平。在 Hosmer-Lemeshow 检验中，当 P 没有达到显著性水平时才能表示模型整体拟合较好。由表 5.3 可知，P 为 $0.894 > 0.05$，未达到显著性水平，说明模型的拟合度较好。综合 2 种检验方法可知，这 3 个自变量可以有效监测冬小麦是否发生低温冷害。

表 5.4 为建立的二项逻辑回归模型结果，可以看出，所有的自变量的回归系数都为正值，说明某段时间某区域的冬小麦种植区的日低温极值越低、该区域的 NDVI 下降幅度越大、FPAR 低值区面积越大，则该地区冬小麦越有可能发生低温冷害。

表 5.4　二元逻辑回归方程中的变量

项目	系数	标准误差	瓦尔德	自由度	显著性	OR 值
距限低温极值	1.222	0.263	21.520	1	0	3.395
NDVI 最大降幅	7.416	3.472	4.562	1	0.033	1 662.335
FPAR 低值面积	0.085	0.027	9.972	1	0.002	1.089
常量	−5.730	1.221	22.016	1	0	0.003

为了进一步验证基于逻辑回归模型的低温冷害识别模型的准确性，以预测结果 P 为自变量，以实际低温冷害发生与否为因变量，对其进行了 ROC 曲线分析，其结果和 ROC 曲线分别如表 5.5 和图 5.2 所示。ROC 曲线越接近左上角，试验的准确率越高，模型的性能越好。ROC 曲线下的面积为 AUC 值，是衡量模型准确度的指标，AUC 的取值范围为 [0.5，1]，值越大表示模型判别效果越好，一般来说，如果 AUC 值超过 0.7，说明模型有较好的解释能力。图 5.2 中纵坐标为发生低温冷害且预测为发生的比率，横坐标为未发生低温冷害却预测为发生的比率。验证结果 ROC 曲线下的面积 AUC 值为 0.956，灵敏度为

84.4％，特异度为96.2％，说明采用基于逻辑回归模型的低温冷害识别模型能够较为准确地对黄淮海平原冬小麦低温冷害发生进行识别。

表 5.5　ROC 曲线结果

区域	标准错误	渐进显著性	渐进 95％ 置信区间	
			下限	上限
0.956	0.015	0	0.928	0.985

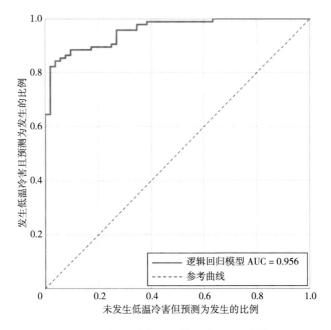

图 5.2　低温冷害识别模型的 ROC 曲线

5.3.1.3　基于低温冷害模型的随机案例灾害分析

　　为了进一步分析低温冷害模型的冬小麦低温冷害监测情况，随机选取了 3 个已记载的冷害事件进行分析：其一，2013 年 4 月 7 日左右，安徽发生了低温冷害，致使冬小麦冻害严重，且河南商丘因强冷空气来袭，使得冬小麦部分小穗冻死、活整株幼穗冻死；其二，2014 年 2 月安徽和河南冬小麦受灾严重，其中河南 4—7 日受到了强降雪，作物因雪灾和低温受到冷害；其三，2020 年 4 月受冷空气影响，19—22 日山东潍坊等地最低气温降至 −5.1 ℃，造成孕穗期小麦遭受冻害，28—29 日河南中部和南部出现轻霜，对局地拔节冬小麦或已孕穗冬小麦有一定不利，同时，低温霜冻雨雪天气，使江苏和安徽处于抽穗—孕穗期的冬小麦受冻，影响产量和结实率。

通过分析这些时间段黄淮海冬麦区各县的日最低气温情况、NDVI 和 FPAR 变化情况，提取这段时间各县的低温冷害的气象致灾因子和遥感影响因子，根据建模公式计算各时间段各县发生低温冷害的概率，各县发生低温冷害概率分布情况如图 5.3 所示。

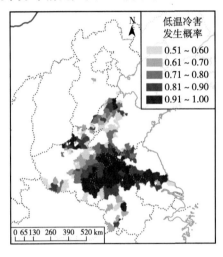

（a）2013 年 4 月低温冷害概率分布图

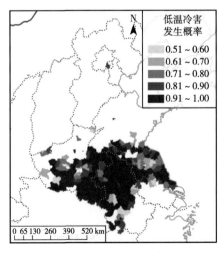

（b）2014 年 2 月低温冷害概率分布图

（c）2020 年 4 月低温冷害概率分布图

图 5.3　黄淮海平原冬麦区各随机低温冷害事件的发生低温冷害概率分布图

从图 5.3 可以看出，基于低温冷害模型监测出来的高概率低温冷害区域基本落于已记载的区域，与实际记录高度吻合。为了更加直观地观测各个低温冷害事件下，记载区域低温冷害发生情况，进一步分析灾害区域、非灾害区域和黄淮海平原的各县低温冷害概率分布情况，结果如图 5.4 所示。从不同统计尺度发现，灾害区域的平均冷害概率明显高于黄淮海平原其他冬小麦种植区域，表明灾害区域有很高的概率发生了低温冷害，进一步证实了上文提到的 3 个随机冷害事件对灾情的描述情况。综上所述，模型结果与历史记载结果基本吻合，能够较快速且有效地监测黄淮海平原冬小麦种植区低温冷害发生情况，可以为有关农业部门防灾减灾提供技术支持。

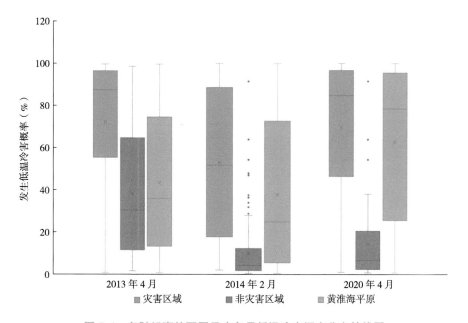

图 5.4 各随机事件不同尺度各县低温冷害概率分布箱线图

5.3.1.4 低温冷害模型与传统气温指标模型的对比

为了进一步说明基于遥感和气象数据结合的低温冷害监测模型的优势，将其与目前被广泛使用的基于日最低气温的低温冷害标准监测（表 5.6）结果进行比较。基于章节 5.3.1.2 中的 ROC 曲线分析，得到当 P 为 69.29 % 时，敏感度与特异度之和的约登指数最大，因此，将该值作为最佳临界点将冷害概率结果分为发生与未发生 2 组，即发生冷害概率值 ≥ 69.29 % 则表明该县发生冷害，< 69.29 % 则表明未发生冷害。

以《中国气象灾害年鉴（2019）》中记载的 2018 年 4 月 3—7 日发生的对中国影响范围最大、强度最强的全国型寒潮为例，其影响结果如表 5.7，以此案例对 2 个模型进行冷害监测比较，结果如图 5.5 所示。

表 5.6 不同程度的小麦晚霜冻害指标

| 程度 | 温度 | 小麦拔节后天数（天） | | | |
		1 ~ 5	6 ~ 10	11 ~ 15	16 及以上
轻度（℃）	最低气温	-1.5 ~ -2.5	-0.5 ~ -1.5	0.5 ~ -0.5	1.5 ~ 0.5
	最低低温	-3.1 ~ -4.1	-2.1 ~ -3.1	-1.1 ~ -2.1	0 ~ -1.1
	最低叶面温度	-4.5 ~ -5.5	-3.5 ~ -4.5	-3.0 ~ -3.5	-3.0 ~ -1.0
重度（℃）	最低气温	< -2.5	-1.5 ~ -2.5	-0.5 ~ -1.5	0.5 ~ -0.5
	最低地温	< -4.1	-3.1 ~ -4.1	-2.1 ~ -3.1	-1.1 ~ -2.1
	最低叶面温度	< -5.5	-4.5 ~ -5.5	-4.0 ~ -4.5	-4.0 ~ -1.5

表 5.7 2018 年 4 月 3—7 日低温冷害灾情描述

影响描述	来源
甘肃东南部、山西中南部、河南北部等地部分发育期偏早、已进入拔节孕穗期的小麦幼穗或叶片受冻，其中北京、河北、山西、陕西、甘肃、宁夏、安徽、山东 8 省（区、市）遭受较为严重的低温冻害，共计 1 256 万人受灾；作物受灾面积 134.9 万 hm²，绝收面积 35.9 万 hm²；直接经济损失达 233.7 亿元。甘肃、山西受灾最为严重	《中国气象灾害年鉴（2018）》
河南、山东、安徽等小麦主产区受冻害，其中河南延津县西楼庄村 2 000 亩小麦受冻；河南南乐县 23 240 亩小麦受灾严重，减产在 30 % 以上；山东曹县小麦出现白穗、没有穗的现象	三农参考（http：//www.yidianzixun.com/article/0Is0io0k）

续表

影响描述	来源
河北衡水大部麦田未发现明显冻害	长城网 （http://wuqiang.hebei.com.cn/ system/2018/04/12/011735338.shtml）
河南、山东多地小麦不出穗，可能大面积减产甚至绝收，农业农村部种植业管理司 2018 年 4 月 25 日表示，初步调查，此次强降温造成小麦严重的受冻面积 100 万亩左右，部分叶片发黄、皱缩	农村致富网 （http://www.nongcun5.cn/news/16440. html）

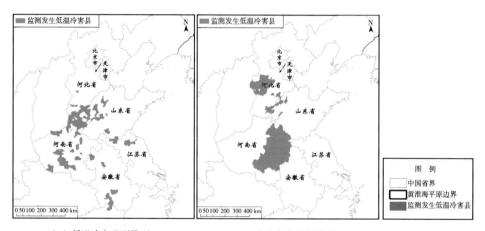

（a）低温冷害监测模型　　　　　　（b）气象指标模型

图 5.5　不同模型冷害监测对比

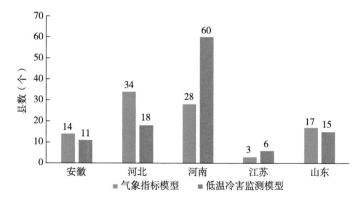

图 5.6　不同模型监测各省发生低温冷害县数

163

通过分析图 5.5、图 5.6 和表 5.7 可知，低温冷害监测模型与气象指标模型以省为尺度来分析，2 个模型均能表示出河北、河南、安徽和山东在 2018 年 4 月 3—7 日发生了低温冷害，但是从冷害发生的各省县数情况，前者冷害发生主要在河南，而后者主要在河北，后者结果与表 5.7 影响描述有所出入；同时，部分有记载的县的模型表示度显示，低温冷害监测模型能监测到河南的 2 个有记载县，气象指标模型能监测到山东的曹县。

综上所述，考虑了冬小麦生长状况的遥感指标的低温冷害监测模型，同气象指标模型相比较，能够更好地监测黄淮海平原冬小麦低温冷害的发生情况。因为不同小麦品种、不同土壤类型以及不同的田间管理模式都会影响冬小麦的抗寒性，通过监测作物生长状况，比仅考虑日最低气温能更加真实地反映作物受灾情况。

5.3.2 黄淮海冬小麦低温冷害和气候资源变化关系分析

5.3.2.1 2011—2020 年黄淮海平原冬小麦种植区低温冷害的时空分析

基于章节 5.3.1.2 中的 ROC 曲线分析，分析得到当 P 为 69.29 % 时，敏感度与特异度之和的约登指数最大，因此，将该值作为最佳临界点，将冷害概率结果分为发生与未发生 2 组，即发生冷害概率值 ≥ 69.29 % 则表明该县发生冷害，< 69.29 % 则表明未发生冷害。基于最佳临界值，以县为最小空间尺度对 2011—2020 年黄淮海平原冬小麦种植区在返青期—灌浆期的低温冷害发生概率、发生频率以及年发生县数的时空分布情况进行了分析，结果如图 5.7 和图 5.8 所示。

由于低温冷害概率随着冬小麦生长期间的低温强度、冬小麦受冷害的生理响应程度的增大而增大，因此，低温冷害发生概率越高，表明冬小麦受到冷害的程度越深，受到冷害的影响越大。由图 5.7 和图 5.8 可知，2011—2020 年，发生低温冷害的县数在波动减少，虽然 2012 年、2016 年和 2018 年达到了冷害县数年际变化的峰值，但冬小麦低温冷害情况总体上逐渐改善。由于黄淮海平原南北跨度大，为了更加深入了解黄淮海平原冬小麦种植区低温冷害发生情况，对主要的 5 个省进行了冷害分析，结果与黄淮海平原总体分布有所差异，从图

5.8 可以发现北部发生冷害的县数在逐渐减少，南部在逐渐增加。通过分析图 5.9 中黄淮海平原冬小麦种植区 2011—2020 年各省发生冷害的县数的变化斜率情况，可以进一步量化地了解变化情况，河北、山东、河南、江苏、安徽变化斜率分别为 -0.533 3、-2.181 2、0.442 4、0.266 7、0.357 6，可以发现，山东低温冷害发生的县数明显减少，河北冷害情况也在改善，而河南、江苏、安徽冷害发生情况逐渐加剧，其中河南加剧幅度最大，安徽次之，江苏相对较缓。该结果与 2011—2019 年《中国统计年鉴》中统计的低温冷冻和雪灾受灾面积变化的河北、河南和江苏以及黄淮海平原总体的低温冷害受灾趋势一致，与山东和安徽有所不同。出现不一致情况与《中国统计年鉴》所记载的作物种类不仅限于冬小麦，以及仅对冬小麦的受灾害县数进行了分析而未对产量进行分析有关。

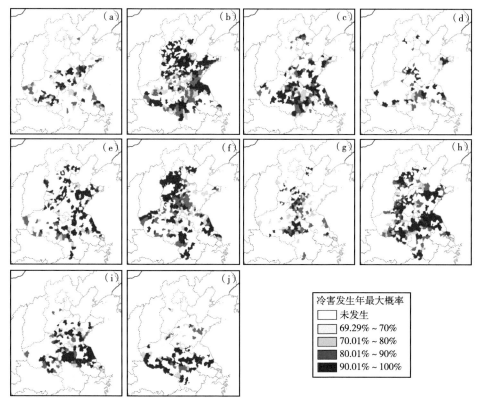

（a）2011 年；（b）2012 年；（c）2013 年；（d）2014 年；（e）2015 年；（f）2016 年；
（g）2017 年；（h）2018 年；（i）2019 年；（j）2020 年。

图 5.7　2011—2020 年发生低温冷害县的最大发生概率分布图

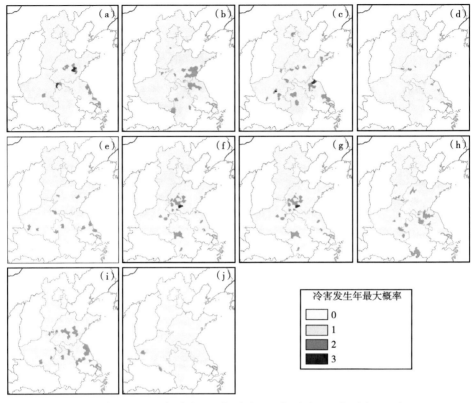

（a）2011 年；（b）2012 年；（c）2013 年；（d）2014 年；（e）2015 年；（f）2016 年；
（g）2017 年；（h）2018 年；（i）2019 年；（j）2020 年。

图 5.8　2011—2020 年各县每年发生冷害频次分布图

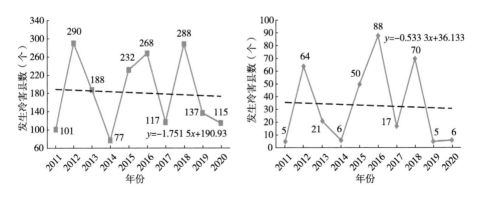

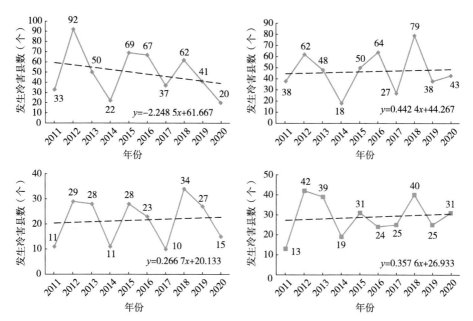

图 5.9　2011—2020 年黄淮海平原以及主要省份低温冷害县数

表 5.8　2011—2019 年各省低温冷冻和雪灾受灾面积　　　　单位（khm²）

	河北	山东	河南	安徽	江苏	合计
2011	39.8	20.8	23.7	145.2	3.1	232.6
2012	254.4	0	0	1.3	0	255.9
2013	158.6	56.0	71.8	248.8	56.0	591.2
2014	105.2	0.2	9.9	41.0	0.5	146.8
2015	57.1	43.1	19.9	58.1	58.8	237.0
2016	15.4	26.5	0.1	19.3	4.1	65.4
2017	41.4	1.3	0.7	0.1	0	43.5
2018	121.1	103.2	99.1	36.9	99.4	459.7
2019	10.2	0.3	0	0	0.2	10.7
变化斜率	−14.041 7	2.408 333	0.841 667	16.551 7	2.97	−24.216 7

数据来源：中华人民共和国统计局，2017.中国统计年鉴［M］.北京：中国统计出版社.
　　　　　中华人民共和国统计局，2018.中国统计年鉴［M］.北京：中国统计出版社.
　　　　　中华人民共和国统计局，2019.中国统计年鉴［M］.北京：中国统计出版社.

为了进一步分析低温冷害的变化,对黄淮海平原各个县的低温冷害发生频次进行监测。由于冬小麦受到低温冷害的影响会有一定的累积影响,通过监测冬小麦低温冷害发生频次,可以从另外一种角度了解冬小麦受灾情况。从图5.8可以看出,黄淮海平原冬小麦种植区发生冷害频次在逐渐减少,整个区域最高发生频次逐渐从3次向2次减少,并且发生高频次冷害的县数在逐渐减少,从空间上分析,可以发现冷害高频次区域逐渐向南部偏移。

综上所述,2011—2020年黄淮海平原冬小麦种植区低温冷害情况,从整体上而言,冷害情况在逐渐改善;高概率、高频次冷害区域在从北向南移动,其中北部冷害情况在逐渐改善,南部在逐渐加剧。

5.3.2.2 2011—2020年黄淮海冬小麦种植区农业气候要素时空分析

农业气候资源是作物生长发育最重要的环境因素之一,作物的气候生产力受到气温、降水、光照等要素的调控,已有研究表明,在气候变化背景下相应的气象要素的时空分布格局均发生不同程度的变化,进而影响作物的气候生产潜力,对农业生产及粮食安全构成一定的影响。

为了了解气候对黄淮海平原冬小麦种植区冬小麦生长发育的影响,以县级为研究单位分析该区域2011—2020年冬小麦关键生育期各农业气候资源的时空变化。与冬小麦生长发育有关的气候要素主要有光辐射资源、热量资源和水资源,通过分析2011—2020年黄淮海平原各县冬小麦种植区域返青期—灌浆期日照累积量、年负积温、年平均温、年降温幅度极值、距各个生育期日最低气温界限的年低温极值、降水累积量时空变化情况,进而解析黄淮海平原冬小麦种植区农业气候资源的变化情况,结果如图5.10所示。

由图5.10可知,黄淮海平原冬小麦种植区2011—2020年的各类农业气候资源均呈波动变化,其中整体缓慢增长的包括负积温、平均温、降水,缓慢减少的包括低于各生育期低温界限的温度极值和平均日照积累量,表明黄淮海平原冬小麦种植区的热量资源总体在逐渐改善,结果也同当下全球气候变暖的大趋势一致,这一趋势在一定程度上有利于冬小麦的生长发育;黄淮海平原冬小麦种植区在冬小麦生育期各县年平原降水累积量总体呈增长趋势,对冬小麦的生长发育有利;与热量资源、水资源的趋势相反,该区域日照时长累计值总体在减少,不利于冬小麦的光合作用,减少冬小麦干物质的累积,同时也影响冬小麦需要长时间日照的抽穗阶段，甚至导致小穗少粒的情况，进而可能影响冬小麦的产量。

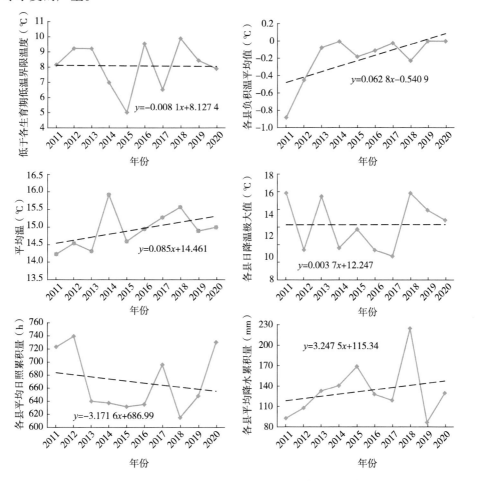

图 5.10 2011—2020 年黄淮海平原农业气候资源变化

通过图 5.11 可以从空间上观察到 2011—2020 年黄淮海平原冬小麦种植区的各类农业气候资源变化情况，各县的气候资源变化情况与黄淮海平原整体的变化趋势有所不同。将冬小麦生长所需的热量资源从低于各生育期日最低气温界限的年极大值、负积温、平均温和年降温极大值 4 个角度进行分析：年极大值总体逐渐减小，但平原东部区域（江苏北部和安徽北部）呈现增长的趋势，表明黄淮海平原整体受到冷害影响的程度逐渐减小，东部区域恰恰相反，但整体的变化趋势微弱；负积温情况为北部大部分区域斜率逐渐增加，表明该区域负积温累积量的绝对值逐渐减小，说明该部分区域受到冷害的风险性在逐渐地减少，而南部大部分区域斜率为负值，则对冷害的影响恰恰相反；平均温情况为黄淮海平原冬小麦种植区 2011—2020 年各个区域都在缓慢地升温；年降温极大值情况为降温幅度过大，会抑制作物的生长，甚至增加作物发生低温冷害的风险，从降温幅度极大值的年际间的变化情况可以发现，黄淮海平原北部和南部区域在逐渐增大，东部和中部地区在逐渐减小，表明前者区域的冬小麦受到极端降温对作物带来的风险性在逐渐增加，后者在逐渐减小。综上，黄淮海平原区域的热量资源，整体在逐渐增加，有利于冬小麦生长发育中的热量吸收，

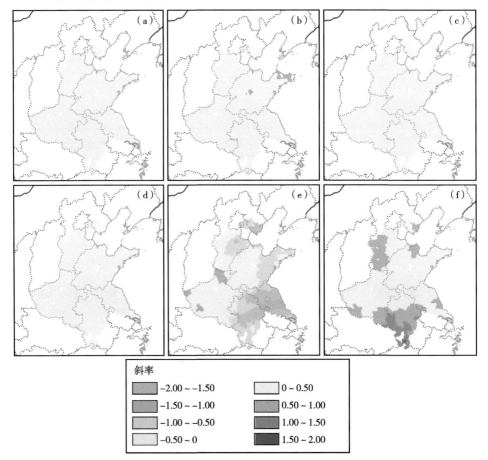

（a）距限低温年极大值；（b）负积温斜率；（c）平均温；（d）年降温极大值；
（e）日照累积量（/10）；（f）降水累积量（/10）。

图 5.11　2011—2020 年气象要素变化斜率分布图

但东部、中部和南部区域的极端低温情况在增加，增加了冬小麦受到低温的影响进而抑制生长的风险性。冬小麦的光合作用可以为其积累干物质，进而提高冬小麦的产量。从图 5.11（e）中可以发现，除西部区域外，黄淮海平原的光照累积量在逐渐减小，并且越到东南区域减小幅度越大。降水会影响土壤湿度，土壤湿度越大对应的热容越多，可以吸收更多热量，在温度降低时，可以释放热量到近地表大气中，从而减少低温带来的影响。从图 5.11（f）可以发现，黄淮海平原冬小麦种植区除中部地区外，其余区域的降水量都在不同程度地增加，其中南部区域增加程度最大，总体而言，由于大部分区域的降水量都在增加，大大削弱了低温对冬小麦的生长发育带来的影响，而中部地区受低温的影响可能增加。

5.3.2.3　黄淮海冬小麦种植区低温冷害发生的农业气象信息挖掘

为了进一步研究 2011—2020 年黄淮海平原冬小麦低温冷害的气候原因，将黄淮海平原所有县冬小麦低温冷害发生概率、发生冷害县的冷害概率分别与对应县的气候资源（热量资源、光照辐射资源和水资源）变化情况进行相关性分析，通过量化两者之间的关系明确不同气候要素对低温冷害发生情况的影响情况，结果如表 5.9 和表 5.10 所示。

表 5.9　2011—2020 年各县发生低温冷害概率与各气候要素间的相关性分析

	距限低温	降温幅度	负积温	平均温	降水累积量	日照累积量
低温冷害发生概率	0.303**	-0.024	0.044**	-0.180**	-0.102**	-0.047**

注：** 在 0.01 级别（双尾），相关性显著。

表 5.10　2011—2020 年低温冷害县的发生概率与各气象要素间的相关性分析

	距限低温	降温幅度	负积温	平均温	降水累积量	日照累积量
低温冷害发生概率	0.407**	-0.011	-0.095**	-0.073**	-0.012	-0.019

注：** 在 0.01 级别（双尾），相关性显著。

从表 5.9 和表 5.10 可以发现，2011—2020 年黄淮海平原冬小麦种植区各县是否发生低温冷害与各气候资源的变化均呈显著相关，并且与关键生育期的降水累积量、日照时长累积量、平均温呈负相关，其中平均温对其影响最大，降水累积量次之，日照时长累积量的影响相对较小，而距限低温和负积温情况与之呈正相关，并且距限低温对冷害概率的影响最大，负积温相对较小。低温冷害发生概率与低温情况、作物冷害响应情况呈正比，则进一步说明低温冷害发生概率越高，低温程度越大，作物生长受低温影响越大。由表 5.10 结果可知在冬小麦种植所在县已经被标识为发生低温冷害时，其冷害对该县影响的程度仅与热量资源具有显著相关性，与辐射资源和水资源没有显著关系，并且随着最低气温低于各个生育期的日最低气温界限的程度越大，负积温累积量越大，平均温越低，该县发生低温冷害的概率越大，低温对作物生长的抑制作用也越大。其中距限低温对发生低温冷害概率的贡献最大，负积温与平均温相对较小，这也在一定程度上表明极端低温对作物的生长影响最大。

由于黄淮海平原幅员辽阔，从北到南跨越区域较大，气候特征也存在一定的差异，因此，为了更深了解黄淮海平原冬小麦冷害发生的气候原因，分别对黄淮海平原主要粮食大省的冷害情况与对应县的气候特征进行相关性分析，结果如表 5.11 至表 5.15 所示。

表 5.11　2011—2020 年河北各县发生冷害概率与各气候要素的相关性分析

	距限低温	降温幅度	负积温	平均温	降水累积量	日照累积量
低温冷害发生概率	0.418**	0.058*	−0.137**	−0.185**	0.007	−0.029

注：** 在 0.01 级别（双尾），相关性显著；* 在 0.05 级别（双尾），相关性显著。

表 5.12　2011—2020 年山东各县发生冷害概率与各气候要素的相关性分析

	距限低温	降温幅度	负积温	平均温	降水累积量	日照累积量
低温冷害发生概率	0.192**	−0.008	−0.035	−0.083**	0.015	0.037

注：** 在 0.01 级别（双尾），相关性显著。

表 5.13　2011—2020 年河南各县发生冷害概率与各气候要素的相关性分析

	距限低温	降温幅度	负积温	平均温	降水累积量	日照累积量
低温冷害发生概率	0.353**	−0.031	−0.010	−0.202**	0.117**	−0.010

注：** 在 0.01 级别（双尾），相关性显著。

表 5.14 2011—2020 年江苏各县发生冷害概率与各气候要素的相关性分析

	距限低温	降温幅度	负积温	平均温	降水累积量	日照累积量
低温冷害发生概率	0.213**	0.015	0.012	−0.248**	0.085	−0.130**

注：** 在 0.01 级别（双尾），相关性显著。

表 5.15 2011—2020 年安徽各县发生冷害概率与各气候要素的相关性分析

	距限低温	降温幅度	负积温	平均温	降水累积量	日照累积量
低温冷害发生概率	0.324**	0.021	−0.011	−0.045	0.174**	−0.104**

注：** 在 0.01 级别（双尾），相关性显著。

从表 5.11 至表 5.15 可以发现，不同省份的气候要素对冬小麦低温程度的影响也有所差异。距限低温对各个省份低温冷害的影响程度与其他气候特征相比最大，正相关程度从强到弱分别为河北、安徽、河南、江苏、山东；其次对其影响较大的是平均温，该特征对 4 个省的低温冷害发生情况有显著负相关，根据影响程度从强到弱分别为江苏、河南、河北和山东；而降水累积量仅与河南、安徽的冷害情况呈显著正相关；日照累积量仅与江苏、安徽冷害情况呈显著负相关；负积温仅与河北低温冷害概率呈显著负相关。

综上所述，通过 2011—2020 年黄淮海平原各县低温冷害发生情况与气候要素之间的相关性分析，从整体上来看，热量资源对其影响最大，其次是水资源，最后是辐射资源。同时，由于黄淮海区域幅员辽阔，气候资源存在一定的空间差异性，对于不同区域的冬小麦冷害的影响也有一定的区别，但热量资源对各个省份的显著性影响基本一致，但水资源和辐射资源还是存在一定的地域差异，可能与对应的小麦种类、土壤类型、田间管理模式（灌溉）有关。

参 考 文 献

曹倩，姚凤梅，林而达，等，2011. 近 50 年冬小麦主产区农业气候资源变化特征分析 [J]. 中国农业气象，32（2）：161-166.

陈帅，2015. 气候变化对中国小麦生产力的影响 —— 基于黄淮海平原的实证分析 [J]. 中国农村经济（7）：4-16.

程婉莹，2016. 基于田间监视器的冬小麦晚霜冻害研究 [D]. 北京：中国农业科学院.

程勇翔，王秀珍，郭建平，等，2014. 中国南方双季稻春季冷害动态监测 [J]. 中国农业科学，47（24）：4790-4804.

丁一汇，任国玉，石广玉，等，2006. 气候变化国家评估报告（Ⅰ）：中国气候变化的历史和未来趋势 [J]. 气候变化研究进展，3（Z1）：3-8，50.

董燕生，陈洪萍，王慧芳，等，2012. 基于多时相环境减灾卫星数据的冬小麦冻害评估 [J]. 农业工程学报，28（20）：172-179，295.

段萌，李恩普，陈友权，等，2011. 冬小麦霜冻害灾情田间调查分级规范的研究 [J]. 麦类作物学报，31（3）：554-559.

冯玉香，何维勋，孙忠富，等，1999. 我国冬小麦霜冻害的气候分析 [J]. 作物学报（3）：3-5.

葛亚宁，刘洛，徐新良，等，2015. 近 50a 气候变化背景下我国玉米生产潜力时空演变特征 [J]. 自然资源学报，30（5）：784-795.

郭春明，任景全，王冬妮，等，2020. 1961—2018 年吉林省水稻低温冷害时空变化特征 [J]. 中国农学通报，36（32）：109-117.

郭建平，2016. 农业气象灾害监测预测技术研究进展 [J]. 应用气象学报，27（5）：620-630.

国家统计局农村社会经济调查司，2008. 中国农村统计年鉴 [M]. 北京：中国统计出版社.

胡磊, 田俊, 卓红秀, 等, 2020. 1961—2017 年江西省晚稻寒露风时空演变特征 [J]. 气象与环境学报, 36 (4): 67-73.

胡列群, 武鹏飞, 李新建, 等, 2011. 基于 ETM+ 影像的棉花低温冷害遥感监测方法研究 [J]. 中国农学通报, 27 (4): 459-463.

胡玲, 2021. 2019—2020 年气象因素对庆云县试验区冬小麦生育的影响分析 [J]. 现代农业科技 (1): 55-56.

黄木易, 王纪华, 黄义德, 等, 2004. 高光谱遥感监测冬小麦条锈病的研究进展 (综述) [J]. 安徽农业大学学报 (1): 119-122.

吉书琴, 张玉书, 关德新, 等, 1998. 辽宁地区作物低温冷害的遥感监测和气象预报 [J]. 沈阳农业大学学报 (1): 3-5.

姜亚珍, 张瑜洁, 孙琛, 等, 2015. 基于 MODIS-EVI 黄淮海平原冬小麦种植面积分带提取 [J]. 资源科学, 37 (2): 417-424.

焦雪敏, 张赫林, 徐富宝, 等, 2020. 青藏高原 1982—2015 年 FPAR 时空变化分析 [J]. 遥感技术与应用, 35 (4): 950-961.

李德萍, 张凯静, 张璐, 等, 2020. 青岛地区倒春寒时空特征及气象指标研究 [J]. 中国生态农业学报 (中英文), 28 (11): 1673-1681.

李军玲, 薛昌颖, 邹春辉, 等, 2020. 基于拔节期分区的河南省冬小麦晚霜冻遥感监测 [J]. 气象与环境科学, 43 (4): 11-17.

李茂松, 王道龙, 张强, 等, 2005. 2004—2005 年黄淮海地区冬小麦冻害成因分析 [J]. 自然灾害学报 (4): 51-55.

李茂松, 王道龙, 钟秀丽, 等, 2005. 冬小麦霜冻害研究现状与展望 [J]. 自然灾害学报 (4): 72-78.

李章成, 周清波, 吕新, 等, 2008. 冬小麦拔节期冻害后高光谱特征 [J]. 作物学报 (5): 831-837.

梁立江, 武永峰, 刘聪, 等, 2020. 东北地区不同熟性水稻适宜种植区障碍型冷害时空变化 [J]. 中国农业气象, 41 (5): 308-319.

林海荣, 李章成, 周清波, 等, 2009. 基于 ETM 植被指数和冠层温度差异遥感监测棉花冷害 [J]. 棉花学报, 21 (4): 284-289.

刘建光, 李红, 孙丹峰, 等, 2010. MODIS 土地利用 / 覆被多时相多光谱决策树分类［J］.农业工程学报，26（10）：312-318，389.

卢燕宇，孙维，唐为安，等，2020.气候变化背景下安徽省冬小麦气候生产潜力和胁迫风险研究［J］.中国生态农业学报（中英文），28（1）：17-30.

卢燕宇，王胜，田红，等，2017.近50年安徽省气候生产潜力演变及粮食安全气候承载力评估［J］.长江流域资源与环境，26（3）：428-435.

鲁坦，2013.1971—2011年河南省冬小麦晚霜冻的特征分析［J］.河南农业大学学报，47（4）：393-399.

马尚谦，张勃，唐敏，等，2019.淮河流域冬小麦晚霜冻时空演变分析［J］.麦类作物学报，39（1）：105-113.

马树庆，杨菲芸，2015.我国霜期、霜冻时空特征及其对气候变暖的响应［J］.气象灾害防御，22（2）：1-4，36.

孟繁圆，冯利平，张丰瑶，等，2019.北部冬麦区冬小麦越冬冻害时空变化特征［J］.作物学报，45（10）：1576-1585.

莫志鸿，霍治国，叶彩华，等，2013.北京地区冬小麦越冬冻害的时空分布与气候风险区划［J］.生态学杂志，32（12）：3197-3206.

倪健，吴继友，1995.山东省台上金矿区荆条反射光谱的"红移"和"蓝移"现象［J］.植物资源与环境（4）：17-21.

潘灼坤，2015.耦合遥感信息与作物生长模型的区域低温影响监测、预警与估产［D］.杭州：浙江大学.

钱永兰，吕厚荃，张艳红，2010.基于ANUSPLIN软件的逐日气象要素插值方法应用与评估［J］.气象与环境学报，26（2）：7-15.

钱永兰，王建林，郑昌玲，等，2014.近50年华北地区冬小麦低温灾害的时空演变特征［J］.生态学杂志，33（12）：3245-3253.

任鹏，冯美臣，杨武德，等，2014.冬小麦冠层高光谱对低温胁迫的响应特征［J］.光谱学与光谱分析，34（9）：2490-2494.

谭凯炎，房世波，任三学，2012.增温对华北冬小麦生产影响的试验研究［J］.气象学报，70（4）：902-908.

王慧芳，2013.基于多源数据冬小麦冻害遥感监测研究［D］.杭州：浙江大学.

王位泰，张天峰，蒲金涌，等，2011.黄土高原中部冬小麦生长对气候变暖和春季晚霜冻变化的响应［J］.中国农业气象，32（1）：6-11.

王晓云，蔡焕杰，李亮，等，2019. 亏缺灌溉对冬小麦农田温室气体排放的影响 [J]. 环境科学，40（5）：2413-2425.

王振权，汤新海，汤景华，等，2007. 小麦越冬冻害成因分析及防御措施 [J]. 现代农业科技（23）：159-160.

魏辰阳，2013. 基于高光谱遥感技术的冬小麦晚霜冻害早期诊断研究 [D]. 南京：南京农业大学.

温克刚，2005. 中国气象灾害大典 [M]. 北京：气象出版社.

吴立，霍治国，杨建莹，等，2016. 基于 Fisher 判别的南方双季稻低温灾害等级预警 [J]. 应用气象学报，27（4）：78-85.

谢花林，李波，2008. 基于 logistic 回归模型的农牧交错区土地利用变化驱动力分析——以内蒙古翁牛特旗为例 [J]. 地理研究（2）：294-304.

徐建文，居辉，梅旭荣，等，2015. 近 30 年黄淮海平原干旱对冬小麦产量的潜在影响模拟 [J]. 农业工程学报，31（6）：150-158.

杨敏，刘峻明，王鹏新，等. 基于 MODIS 大气廓线产品分析晚霜冻对冬小麦产量的影响 [J]. 中国农业科技导报，18（2）：396-406.

杨若子，周广胜，2015. 东北三省玉米主要农业气象灾害综合危险性评估 [J]. 气象学报，73（6）：1141-1153.

姚亚庆，2016. 1950—2015 年我国农业气象灾害时空特征研究 [D]. 杨凌：西北农林科技大学.

张弘，2016. 河南省冬小麦越冬冻害气候风险区划 [J]. 江苏农业科学，44（9）：443-446.

张梦婷，张玉静，佟金鹤，等，2017. 冬小麦潜在北移区农业气候资源评价 [J]. 气象与环境学报，33（6）：73-81.

张晓煜，马玉平，苏占胜，等，2001. 宁夏主要作物霜冻试验研究 [J]. 干旱区资源与环境（2）：50-54.

张雪芬，2005. 冬小麦晚霜冻害遥感监测技术与方法研究 [D]. 南京：南京信息工程大学.

张雪芬，陈怀亮，郑有飞，等，2006. 冬小麦冻害遥感监测应用研究 [J]. 南京气象学院学报（1）：94-100.

张雪芬，郑有飞，王春乙，等，2009. 冬小麦晚霜冻害时空分布与多时间尺度变化规律分析［J］.气象学报，67（2）：321-330.

章金城，周文佐，2019.2006—2015年秦巴山区植被光合有效辐射吸收比例的时空变化特征［J］.生态学杂志，38（5）：1453-1463.

赵红飞，潘仕球，乔云发，等，2021.增温对冬小麦产量的影响因土壤类型而不同［J］.中国农学通报，37（2）：74-79.

赵静，2020.东北地区玉米种植界限变迁与冷害风险评估［D］.长春：东北师范大学.

赵美艳，余君，胡芸芸，2021.基于局部薄盘光滑样条函数的重庆地区气温空间插值［J］.陕西气象（1）：50-55.

赵彦茜，肖登攀，柏会子，等，2020.华北平原冬小麦和夏玉米气候适宜性［J］.生态学杂志，39（7）：2251-2262.

郑大玮，龚绍先，郑维，1982.冬小麦冻害和防御措施研究概况［J］.农业气象（4）：1-4.

郑冬晓，杨晓光，赵锦，等，2015.气候变化背景下黄淮冬麦区冬季长寒型冻害时空变化特征［J］.生态学报，35（13）：4338-4346.

中国气象局，2005.中国气象灾害年鉴［M］.北京：气象出版社.

中国气象局，2008.作物霜冻害等级：QX/T 88-2008［S］.［出版地不详］：［出版者不详］.

AN-VO D-A, MUSHTAQ S, ZHENG B Y, et al., 2018. Direct and indirect costs of frost in the Australian wheatbelt［J］. Ecological economics, 150：122-136.

CHEN L J, XIANG H Z, MIAO Y, et al., 2014. An overview of cold resistance in plants［J］. Journal of agronomy and crop science, 200（4）：237-245.

CHOI W J, LEE M S, CHOI J E, et al., 2013. How do weather extremes affect rice productivity in a changing climate？ An answer to episodic lack of sunshine［J］. Global change biology, 19（4）：1300-1310.

DE WOLF E D, MADDEN L V, LIPPS P E, 2003. Risk assessment models for wheat Fusarium head blight epidemics based on within-season weather data［J］. Phytopathology, 93（4）：428-435.

DONG F M, XUAN X J, LIU Y M, et al., 2012. The Research on Crops Freeze

Injury Monitoring by Remote Sensing［M］. New York：Ieee.

FENG M C, YANG W D, CAO L L, et al., 2009. Monitoring winter wheat freeze injury using multi-temporal MODIS data［J］. Agricultural sciences in China, 8（9）：1053-1062.

HATFIELD J L, PINTER P J, 1993. Remote-sensing for crop protection［J］. Crop protection, 12（6）：403-413.

HUTCHINSON M F, GESSLER P E, 1994. Splines－more than just a smooth interpolator［J］. Geoderma, 62（1-3）：45-67.

HUTCHINSON M F, XU T, 2013. Anusplin version 4. 4 user guide［R］. Canberra：The Australian National University.

KERDILES H, GRONDONA M, RODRIGUEZ R, et al., 1996. Frost mapping using NOAA AVHRR data in the Pampean region, Argentina［J］. Agricultural and forest meteorology, 79（3）：157-182.

KIM Y, KIMBALL J S, DIDAN K, et al., 2014. Response of vegetation growth and productivity to spring climate indicators in the conterminous United States derived from satellite remote sensing data fusion［J］. Agricultural and forest meteorology, 194：132-143.

LACOSTE C, NANSEN C, THOMPSON S, et al., 2015. Increased susceptibility to aphids of flowering wheat plants exposed to low temperatures［J］. Environmental entomology, 44（3）：610-618.

LI X N, PU H C, LIU F L, et al., 2015. Winter wheat photosynthesis and grain yield responses to spring freeze［J］. Agronomy journal, 107（3）：1002-1010.

LIU B, LIU L, TIAN L, et al., 2014. Post-heading heat stress and yield impact in winter wheat of China［J］. Global change biology, 20（2）：372-381.

LIU L L, SONG H, SHI K J, et al., 2019. Response of wheat grain quality to low temperature during jointing and booting stages—On the importance of considering canopy temperature［J］. Agricultural and forest meteorology, 278：107658.

MENG L, WU Y F, HU X, et al., 2017. Using hyperspectral data for detecting late frost injury to winter wheat under different topsoil moistures［J］. Spectroscopy and spectral analysis, 37（5）：1482-1488.

PORTER J R，GAWITH M，1999. Temperatures and the growth and development of wheat : a review [J]. European journal of agronomy，10（1）：23-36.

ROMANOV P，2011. Satellite-derived information on snow cover for agriculture applications in Ukraine [G]//KOGAN F，POWELL A M，FEDOROV O. Use of satellite and in-situ data to improve sustainability. Dordrecht : Springer.

SHIMONO H，2011. Earlier rice phenology as a result of climate change can increase the risk of cold damage during reproductive growth in northern Japan [J]. Agriculture ecosystems & environment，144（1）：201-207.

TAO F，ZHANG S，ZHANG Z，2013. Changes in rice disasters across China in recent decades and the meteorological and agronomic causes [J]. Regional environmental change，13（4）：743-759.

THAKUR P，NAYYAR H，2013. Facing the Cold Stress by Plants in the Changing Environment : Sensing，Signaling，and Defending Mechanisms [M]. New York : Springer.

WANG H F，WANG J H，WANG Q，et al.，2012. Hyperspectral characteristics of winter wheat under freezing injury stress and LWC inversion model [G]// 2012 First International Conference on Agro-Geoinformatics (Agro-Geoinformatics). New York : Ieee.

WANG L X，QIN Q M，ZHANG X Y，2003. Progress on monitor of rice low temperature disaster with remote sensing [J]. Meteorological monthly，29（10）： 3-7.

WANG S，CHEN J，RAO Y H，et al.，2020. Response of winter wheat to spring frost from a remote sensing perspective : Damage estimation and influential factors [J]. ISPRS journal of photogrammetry and remote sensing，168 ： 221-235.

XIAO L J，LIU L L，ASSENG S，et al.，2018. Estimating spring frost and its impact on yield across winter wheat in China [J]. Agricultural and forest meteorology，260 : 154-164.

YANG B J，WANG M X，PEI Z Y，2002. Monitoring freeze injury to winter wheat using remote sensing [J]. Transactions of the Chinese society of agricultural engineering, 18（2）: 136-140.

YANG W, YANG C, HAO Z Y, et al., 2019. Diagnosis of plant cold damage based on hyperspectral imaging and convolutional neural network［J］. Ieee access, 7: 118239-118248.

ZHANG L W, WANG X Z, JIANG L X, et al., 2015. Dynamic monitoring of rice delayed-type chilling damage using MODIS-based heat index in northeast China［J］. Journal of remote sensing, 19（4）: 690-701.

ZHANG X R, FENG M C, YANG W D, et al., 2017. Using spectral transformation processes to estimate chlorophyll content of winter wheat under low temperature stress［J］. Chinese journal of eco-agriculture, 25（9）: 1351-1359.

ZHANG Z, CHEN Y, WANG P, et al., 2014. Spatial and temporal changes of agro-meteorological disasters affecting maize production in China since 1990［J］. Natural hazards, 71（3）: 2087-2100.

ZHAO L C, LI Q Z, ZHANG Y, et al., 2020. Normalized NDVI valley area index（NNVAI）-based framework for quantitative and timely monitoring of winter wheat frost damage on the Huang-Huai-Hai Plain, China［J］. Agriculture ecosystems & environment, 292: 106793.